어쩌다 내 개로 왔니?

개

어쩌다 내 ~~게~~로 왔니?

수의사가 쓴 댕댕이의 병원 일기

임태숙 지음

사과나무

어쩌다 내 개로 왔니?

초판 1쇄 발행 2020년 1월 15일
초판 2쇄 발행 2021년 6월 20일

지은이 임태숙
펴낸곳 도서출판 사과나무
펴낸이 권정자
등록번호 1996년 9월 30일(제11-123)
주소 경기도 고양시 덕양구 충장로 123번길 26, 301-1208
전화 (031) 978-3436
팩스 (031) 978-2835
이메일 bookpd@hanmail.net
블로그 http://blog.naver.com/giruhan
트위터 @saganamubook

ISBN 978-89-6726-044-6 03490

* 값은 뒤표지에 있습니다.
* 이 도서는 제3회 경기 히든작가 공모전 당선작입니다.

이 도서의 국립중앙도서관 출판시도서목록(CIP)은 서지정보유통지원시스템 홈페이지(http://seoji.nl.go.kr)와 국가자료공동목록시스템(http://www.nl.go.kr/kolisnet)에서 이용하실 수 있습니다.(CIP제어번호: CIP2019049783)

강아지들은 지금도 몸짓과 눈짓,
그리고 표정으로 우리에게 신호를 보낸다.
단지 사람이 알아차리지 못할 뿐이다.

• 머리말 •

인간의 가장 아름다운 친구들

개도 사람처럼 생명이 있고 감정이 있다. 눈빛과 표정으로, 손짓과 발짓으로 그리고 행동으로 자신의 마음을 표현한다. 반려동물은 이제 인간의 삶 속에 깊숙이 들어와 가족의 한 구성원으로 자리잡았다. 바쁜 현대인에게 가족 간의 유대는 느슨해졌고 공허한 그 틈새를 반려동물들이 채워주고 있다. 이 새로운 반려동물 가족과 공존하기 위한 전제 조건은 우리가 이들의 성향과 언어를 알고 이해하는 것이다. 어느 날 운명처럼 내 삶 속으로 쑥 들어온 어리고 작은 생명을 보듬어주고 그들이 보내는 언어와 신호에 귀기울이는 일에서 동물 사랑은 시작된다.

동물병원의 일상은 사람 사는 세상의 복사판이다. 매일매일 반복되는 아픈 동물과의 만남, 강아지 주인과의 소통, 그리고 끊임없이 일어나는 사건과 사고 속에서 동물과 인간의 공존은 어떠해야 하고 수의사의 역할은 무엇인가 라는 질문을 항상 나 자신에게 던지게 된다.

이따금 노령견들의 얼굴에서 느긋하게 삶을 관조하는 표정을 읽을 때가 있다. 서두르지 않고 여유롭게, 남아 있는 시간을 뚜벅뚜벅 걸어가는 연륜의 힘이라고나 할까. 자연의 섭리에 순응하고 그에 복종하는 자세는 조급하게 앞만 보고 달리는 우리 인간들에게 작은 울림을 준다.

이 책에서는 어떻게 하면 세상의 모든 동물들과 인간이 공존할 수 있는가에 대한 물음을 던진다. 그리고 여러 사례를 통해 함께 해답을 구하고자 한다. 동물병원이라는 작은 공간을 매개로 맺어지는 반려동물, 수의사, 동물 주인과의 삼각관계는 잘 형성된다면 서로 윈윈할 수 있는, 어쩌면 2인 3각과도 같은 관계이다.

진료를 하면서 매일같이 만나게 되는 강아지와 고양이, 그리고 새와 햄스터, 토끼, 고슴도치, 이구아나, 그리고 아나콘다 뱀에 이르기까지, 이들도 사람과의 관계 속에서 자신의 존재가치를 확인받는다. 그 속에서 사람이 겪는 인생의 희로애락을 동물들도 똑같이 겪는다. 사람이 사람을 버릴 수 없듯이, 사람이 동물도 버리면 안 된다. 인간의 이기심으로 인해 버려지는 유기견들의 아픔은 우리 모두가 해결해야 될 시대적 과제가 되었다.

이 책을 통해 유기견 문제를 어떻게 해결할 것인가 라는 질문을 던지고 함께 해결해야 할 과제임을 환기시키고 싶었다. 우리 시대의 화두인 '유기견 없는 세상 만들기 프로젝트'를 세상에 펼치고 싶다.

동물병원을 오픈한 초기에는 진료 케이스도 지금보다 훨씬 많았고 에피소드 또한 넘쳐났다. 그걸 미처 다 기록해두지 못한 것이 아쉬움으로 남는다. 그리고 아무리 열심히 노력해도 꺼져가는 생명을 붙잡을 수 없었던 안타까운 기억도 많다. 너무도 가슴 아프고 슬픈 얘기는 차마 글로 다 정리할 수가 없어서 일기에도 쓰지 못했다.

이 글 속에 나오는 반려견들은 대부분 오래 전에 우리 곁을 떠나갔다. 지금도 우리 병원을 찾는 오랜 손님들 중에는 봉남이, 복돌이, 깐돌이를 기억하는 분들이 있다. 그분들과 함께 가끔 그때 그 시절을 회상하고는 즐거운 상념에 젖곤 한다.

이 책의 주인공은 저자도 아니고 강아지 주인들도 아니다. 우리를 웃고 울게 하고, 기쁘게도 하고 슬프게도 하고 떠나간 이 세상의 모든 강아지들이다. 그들에게 이 책을 바친다.

제1장
탄생에서 이별까지

제2장
질병과 싸우는 강아지들

차례

제3장
동물의 자연치료제

제4장
유기견 가족

제1장

탄생에서 이별까지

태몽과 함께 태어나는 강아지들

어린 아기의 출생을 예고하는 태몽의 종류는 매우 많다. 예를 들면 태양, 별, 무지개, 용, 호랑이, 구렁이, 돼지, 고추, 과일, 고구마, 밤, 대추, 구름, 보석 등이다. 그런데 이런 태몽이 강아지에게도 적용되는 듯하다. 강아지 주인이나 주변 사람이 태몽을 꾸어주는 것이다.

대부분의 강아지들은 태어난 지 8개월이 되면 암컷은 첫 생리를 하고 수컷은 성 성숙이 되어 번식력을 갖게 된다. 암컷이 교배하기에 알맞은 시기는 첫 번째 생리를 지나고 돌아오는 두 번째 생리 이후이다.

강아지들은 생리기간 중에 배란기가 있기 때문에 생리를 시작한 날로부터 대개 10~12일 사이에 수컷과 교배를 하게 된다. 그래서 강아지의 배란일을 정확히 알기 위해서는 질 도말검사를 하여 질 분비물 세포의 모양과 핵의 유무에 따라 교배 날짜를 잡아주는 게 필요하다. 임신 여부는 교배 후 한 달이 지나 초음파 검사로 확인한다.

작년에 '콩순이'가 교배를 하기 위해 우리 동물병원에 내원했다. 콩순이는 몸무게가 3kg인 시추로 배란검사 후 종견과 두 번 교배했었다. 그날은 콩순이가 한 달 만에 임신 여부를 확인하기 위한 초음파 검사가 예정된 날이다. 그런데 그 전날 많은 별들이 하늘 가득 빛나다가 내게로 모두 쏟아져 내리는 꿈을 꾸었다. 나는 꿈 해몽에 대해서는 잘 모르지만 왠지 좋은 꿈이라는 예감이 들었다. 콩순이 주인도 꿈 얘기를 듣고는 매우 신기해하며 기대에 들떴다.

초음파 검사 결과 역시나 콩순이는 예상대로 임신을 했고 다시 한 달이 지나서 4마리를 출산했다. 콩순이 새끼 중 1마리는 죽어서 나왔고 나머지 3마리는 모두 건강했다. 이후 두 달이 지나서 콩순이네는 1마리만 남기고 2마리를 다른 집으로 분양했고, 어미와 함께 살게 된 새끼의 이름은 태몽을 따라 '별이'가 되었다.

그 일이 있은 후 1년이 지난 어느 날 나는 꿈속에서 하늘에 예쁘게 떠 있는 무지개를 보았다. 너무나도 선명한 일곱 빛깔의 고운 무지개 꿈이었다. 잠에서 깬 후 왜 무지개가 나타났는지를 곰곰이 생각하면서 출근을 했다. 그런데 그날 오전, 한 달 전에 교배를 했던 페키니즈 '하늘이' 주인에게서 전화가 왔다. "초음파 검사를 하러 갈 예정인데 몇 시에 가면 좋으냐?"고 한다. 나는 무릎을 탁 쳤다. 역시 임신이었구나!

하늘이의 초음파 검사 결과도 임신이었다. 초음파 영상에 3~4개의 양수주머니가 잡혔다. 그러나 초음파 검사로는 상이 겹치기 때문에 정확한 태아 수를 알 수 없다. 태아 수를 정확히 확인하려면 교배한 지 50일이 지나서 엑스레이 검사를 해야 한다. 이 시기가 되면 태아의 뼈 조직이 만들어지면서 엑스레이 영상에 잡힌다. 따라서 태아 수뿐만 아니라 새끼들의 두개골 크기와 어미의 골반 크기를 비교해서 순산할 수 있는지 여부도 판단할 수 있다.

대개 어미가 소형견이면서 태아 수가 1~2마리일 때에는 제왕절개를 하는 경우가 많다. 태아 수가 적을수록 새끼의 크기가 커서 난산이 될 가능성이 높기 때문이다. 그러나 태아 수가 3마리 이상이면 자연분만할 가능성도 있기 때문에 일단 진통이 오기를 기다린다.

내가 하늘이 주인에게 태몽 얘기를 들려주며 무지개를 봤다고 했더니 "강아지도 태몽이 있어요? 진짜 태몽이 맞나요?" 라고 물으면서 신기해한다. 한 달 후 하늘이는 자연분만을 했고 새끼들에게는 보라, 연두, 하양이라는 이름이 붙여졌다.

동물병원 진료실에서 많은 강아지들을 만나다보니 주인을 대신해서 태몽까지 꾸는 일이 종종 생기곤 한다. 아마도 우리 병원에서 교배한 강아지들이 꼭 임신이 되었으면 하는 나의 간절한 바람 때문이리라. 그러나 새끼를 얻고자 하는 강아지 주인들의 소망을 모두 다 만족시킬 수는 없다. 강아지들의 임신 여부는 교배 날짜를 잘 잡는 것뿐만 아니라 건강한 종견과 교배하는 것에도 좌우된다. 종견 문제는 종견을 관리하는 사람들의 몫으로 수의사들의 관리 영역을 벗어나므로 실패

할 가능성은 항상 있다. 사람이나 동물이나 삼신할머니의 관심과 점지가 필요한가보다.

댕댕이의 생리와 배란기

강아지의 배란일은 생리기간 중간에 있다. 강아지는 생리를 시작한 지 10~12일에 배란기가 있으므로 이 시기에 교배를 해야 임신이 된다. 즉 생리 중간에 배란일이 있는 것이 사람과 다르다. 고양이의 경우는 생리혈이 없고 교미 자극에 의해서 배란이 오며 발정 기간은 12~14일이다.

'슈슈'의 출산과 태교 이야기

슈슈라는 말티즈가 제왕절개 수술로 수놈 새끼 한 마리를 낳았다. 새끼를 낳는 일은 집안의 큰 경사이므로 출산일이 되면 그 집 어른과 아이의 친구들까지 모두 찾아와서 축하해준다. 그래서 강아지가 출산을 하는 날이면 동물병원은 잔칫집처럼 북적이게 된다.

강아지는 태어날 때 수놈보다 암놈이 더 환영을 받는다. 그러다 보니 강아지 주인의 입장에서는 은근히 암놈이 태어나기를 많이 기대한다. 하물며 많은 돈을 들여 제왕절개 수술까지 할 경우에는 더더욱 암놈에 대한 기대가 크다. 그런데 그런 기대를 저버리고 만약 수놈이 태어나기라도 하면 그 실망감은 말로 다할 수가 없다. 이유는 암놈이 갖는 경제력과 번식력 때문이다.

강아지는 대개 한 번에 여러 마리의 새끼를 낳는다. 그 이유는 강아지의 자궁 구조가 사람과 다르기 때문이다. 사람이 1개의 자궁을 갖는 단일자궁인 데 비해 개는 여러 개의 자궁을 갖는다. 그래서 개는 1차 교배를 하고 수정이 되어도 2차, 3차 교배가 되면 각각의 다른 자궁에 수정이 된다. 중간에 1마리가 유산되더라도 다른 자궁 속의 태아는 아무 영향 없이 계속 성장을 한다. 그런데 문제는 죽은 태아의 잔존물이 자궁 속에 그대로 남아 있어 정상적인 진통이 오기 힘들다는 데 있다. 이런 경우에는 여러 마리를 임신했더라도 제왕절개 수술을 해야 한다. 하물며 1마리를 임신했을 경우라면 거의 대부분 수술을 할 수밖에 없다. 그 1마리가 어미로부터 모든 양분을 흡수해 태아의 크기가 너무 커지기 때문이다.

슈슈의 가족들은 일주일 전에 엑스레이 검사를 통해 태아가 1마리라는 것을 미리 알고 있었다. 그래서 그 1마리가 암놈이기를 고대했었다. 그런데 제왕절개 수술을 해서 나온 새끼는 수놈. 슈슈네는 처음에는 실망을 했지만 그것도 잠시뿐,

새끼의 귀여움과 어미의 건강함에 만족해하며 돌아갔다.

다음 날 치료를 위해 내원한 슈슈네는 신비로운 생명체를 바라보며 매우 즐거워했다. 특히 슈슈 주인은 어미가 너무도 극진히 자기 새끼를 잘 돌본다며 대견스러워했다. 만약 슈슈가 자기 새끼를 돌보지 않았다면 새끼를 돌보는 일은 고스란히 이 맞벌이 부부의 몫이 되었을 것이다. 직장을 팽개치고 슈슈 대신 밤낮으로 두 시간마다 새끼에게 우유를 먹이고 오줌과 똥을 누게 하기 위해 항문과 생식기를 휴지로 자극해주는 일을 모두 떠맡아야 했을 터였다. 그런데 슈슈가 이 모든 일을 알아서 해주니 슈슈 주인 입장에서는 얼마나 다행이었겠는가!

강아지는 엄마 배 속에서 60~63일을 성장한 후에 태어난다. 사람이 280일이 되어 태어나는 것과 비교하면 상당히 짧은 기간이다. 그래서 강아지들은 1년 6개월이면 사람 나이로 환산해서 20살이고 6년이면 40살, 11년이면 60살이 된다. 소형견일 경우 골반이 약하거나 자궁무력증이 많아서 출산 7~10일 전에 미리 엑스레이 검사를 한 다음 수술 여부를 결정한다. 태아 수가 4마리 이상일 경우는 태아의 크기가 작기 때문에 자연분만의 가능성이 높아진다. 그런데 요크셔테리어나 말티즈, 치와와, 미니어처 핀셔, 토이 푸들의 경우에는 체중도 많이 나가지 않고 체력도 약하고 골반의 크기도 작기 때문에 아무리 많은 수의 태아를 임신한다 해도 자연분만이 쉽지 않다. 그래서 제왕절개 수술을 많이 한다.

강아지가 임신했을 때 강아지 주인도 태교를 한다. 재롱이가 임신했을 때 클래식 음악을 많이 들려주었다는 재롱이 엄마는 재롱이 새끼들이 성장한 후에 다시 음악을 들려주었더니 다른 강아지에 비해 음악적 감수성이 뛰어나서 노래를 곧잘 부른다고 자랑했다. 음악을 들은 오이나 과일이 잘 자라듯이 음악을 틀어놓으면 동물도 임신이 잘되고 배 속 태아도 잘 자란다. 음악을 듣고 성장하고 태어난 동물은 온순하고 건강할 뿐 아니라 밝게 살아간다. 사람에게 이로운 것은 강아지에게도 이롭다.

동물의 임신 기간

개 63일, 고양이 65일, 토끼 33일, 소 10개월, 돼지 114일, 코끼리 22개월, 햄스터 14일

강아지의 자궁은 여러 개

사람은 자궁이 하나지만 개, 고양이, 토끼, 돼지 등은 자궁이 여러 개인 복자궁을 가졌고 소와 햄스터는 양분자궁을 가지고 있다. 그래서 암컷 개는 여러 종의 수컷 개와 교배를 하면 서로 다른 종의 새끼를 한 번에 얻을 수 있다.

강아지 이름과 운명

우리 병원 진료카드에 등록된 강아지 이름 중에 가장 많은 것이 아롱이와 다롱이 그리고 초롱이다. 대개 털 색깔이 2컬러 이상인 시추 종이나 요크셔테리어 종에 많다. 꿀단지, 보물단지, 돈단지, 애물단지 등에서 유래된 단지라는 이름은 대개가 강아지가 어릴 때 많이 아팠거나 주인이 애지중지해서 결과적으로 돈이 많이 들어간 경우에 붙여지게 된다.

뭉치라는 이름도 여러 의미로 붙여지는데 주로 돈뭉치, 사고뭉치 등에서 따온다. 아파서 돈이 많이 들어가거나 한시도 가만히 있지 않고 사고를 치는 경우에 붙여진다. 주로 코커스패니얼, 페키니즈, 푸들, 그리고 시추 중에서도 잘 짖거나 활동량이 지나치게 많거나 심지어 똥을 못 가리는 등 대부분 통제가 잘 되지 않는 강아지들이다.

강아지 이름으로 주인의 직업을 가늠할 수도 있다. 우럭과 래미의 아빠는 횟집 사장님이다. 시대 상황을 대변해주는 강아지 이름도 있다. 월드컵 축구 열풍이 한창일 때 태어난 강아지들 중에는 딩크, 베컴, 챔피언이 있고, 로또복권이 유행할 때 태어난 강아지들 중에는 로또, 대박, 재벌, 회장, 리치, 부자, 돈벼락 등이 있다.

인기 드라마 주인공 이름이나 인기 연예인의 이름도 등장한다. 장금, 효리, 바다, 봉순. 미자, 삼순이, 주몽, 탁구, 태리, 새벽, 나나, 달인, 치코, 그리고 최근에 내원한 벨도 있다.

얼굴이 커서 얼큰이, 봄에 태어나서 봄이, 그리고 여름이, 가을이, 겨울이도 있다. 태어난 시간에 따라 새벽이, 한시, 사월이, 오월이가 있고 보름날 태어난 보름이도 있다. 만화 캐릭터에서 따온 닌자, 아톰이 있고, 좋아하는 과일에 따라 체리, 딸기, 털색이 갈색이어서 보리, 모카, 초코, 누룽지, 커피, 홍차, 쿠키가 되기도 한다.

중성화 수술을 해서 래시, 털색이 까맣다고 깜보, 깜순, 깜시, 까미, 석탄, 타니, 하얀 털색을 가졌다고 흰둥이, 솜, 희야, 백설 그리고 시추 중에 한쪽 눈에만 갈색 안경무늬가 있어서 후크(후크선장의 안대에서 따옴), 푸들 중에 털 모양이 구름과 같다고 해서 구름이도 있다. 크기가 작으면 미니, 꼬마, 다리가 짧은 닥스훈트에는 짜리나 몽땅이, 막내 자식을 대신한다고 해서 막둥이, 막내, 돌림자로 아들이나 딸처럼 이름을 짓는 경우도 있다. 오래 장수할 것을 기원해서 장수, 영영, 영구 등이 있다.

유기견을 입양한 경우 제일 많은 이름이 복돌이, 복순이, 복만이, 복댕이 등인데 입양하는 강아지가 집에 복을 가져다주는 복덩이가 될 것을 바라는 의미이다. 키우던 강아지를 다른 집으로 보냈더니 그날 이후로 사업이 기울어서 다시 강아지를 입양했다는 주인도 있다. 그 밖에 입양의 기쁨을 나타내는 해피, 행복, 조이, 기쁨이가 있다. 그래도 가장 많은 이름은 아마도 사랑일 것이다. 노랫말에 '사랑'이 가장 많이 등장하는 것과 같다고나 할까.

'홍대'라는 이름을 가진 강아지가 있었다. 반에서 1등을 하면 강아지를 사주겠다는 엄마의 약속 때문에 고등학생 아들은 열심히 공부해서 1등을 했고 엄마는 약속대로 강아지를 사주었다. 아들이 홍대 미대에 입학하기를 원하는 엄마의 바람대로 강아지에게는 홍대라는 이름이 붙여졌다. 강아지를 키울 수 있게 된 기쁨이 혹여라도 그 아들에게 입시의 족쇄가 되지 않았을까 마음 한편으로 걱정이 되었다. 그 후로 기대 반 걱정 반으로 그 집 아들이 과연 홍대를 갔을지 가끔 궁금했었다. 그런데 최근 그 궁금증이 해소되었다. 멋진 청년으로 성장한 그 집 아들이 홍대를 데리고 심장사상충약을 사러 몇 년 만에 내원한 것이다. 홍대가 할아버지 댁에 가 있게 되어 오랫동안 오지 못했다는 것. 그는 진짜로 홍대 미대를 졸업했다고 했다.

우연의 일치일 수도 있겠지만 이름=운명이란 등식이 성립되기도 한다. 치사율이 높은 전염병인 파보장염에 걸려서 죽은 '하늘이'가 그렇다. 지금도 진료카드에서 하늘이란 이름을 보게 되면 가슴이 덜컥 내려앉는다.

'하리'라는 단어는 혈액 섞인 설사를 의미한다. 말티즈 '하리'는 선천적으로 장이 약해서 설사를 자주 해서 오랫동안 치료를 받았다. 그 강아지를 볼 때마다 이름과의 연관성이 있는 게 아닐까 싶었다. 그러다가 미니어처슈나우저 '스톤이'가 방광 결석으로 피오줌을 싸서 내원했을 때는 정말 운명이라는 생각이 들었다. 물론 방광 결석이 생기는 이유가 세균 감염이나 식이 습관 등 과학적인 이유가 있으니 이름이 원인일 수는 없다. 그러나 정말 우연의 일치뿐이었을까?

그래서 이름이 촌스러워야 병에 걸리지 않고 잘살 수 있다고 믿는 사람들이 붙이는 이름이 있다. 바로 순이라는 이름이다. 외국 품종인 코커스패니얼에 순이라는 이름은 잘 안 어울릴 것 같지만, 순하디 순한 이 품종의 특징을 생각하면 의외로 잘 어울린다.

강아지를 키우는 사람들 사이에서 회자되는 얘기로, 강아지 이름에 음식 이름을 붙이면 아프지 않고 장수한다(?)는 속설이 있다. 그래서 등장하는 이름이 땅콩이, 호두, 사탕, 순대, 감자, 푸딩, 망고, 모찌, 만두, 찹쌀 등등이다.

강아지의 이름은 주인의 간절한 염원을 담고 있거나 강아지와 주인이 만나게 된 인연의 의미를 담고 있기도 하다. 그래서 강아지는 결국 자기 이름대로 운명처럼 살다 간다. 하찮은 미물이라도 이름은 중요하다. 한 생명이 탄생하는 것도, 그리고 죽는 것도 이 세상 누군가의 가슴에는 진한 여운을 남기기 때문이다.

주인을 닮아가는 강아지들

개는 주인의 자화상이라고 할 수 있을 정도로 주인을 쏙 빼닮아간다. 주인이 뚱뚱한 집의 강아지치고 날씬한 강아지는 없으며, 주인이 홀쭉하고 날씬할수록 강아지도 입이 짧고 몸매도 날씬하다. 물론 예외가 없는 것은 아니다. 그러나 대부분 강아지가 식생활마저 주인을 따라가기 때문에 식성이나 체질도 주인을 닮아간다.

주인이 과일을 좋아하면 그 집 강아지도 과일을 좋아하고 심지어는 온갖 과일을 섭렵하다 지나쳐 탈이 나기도 한다. 사과를 많이 먹으면 위에 가스가 많이 차서 소화가 안 되거나 심한 경우에는 위 확장증으로 내원하는 경우도 있다. 귤이나

레몬을 많이 먹으면 위산 분비 과다로 토하는 경우가 있고 배나 수박, 참외와 같이 수분이 많은 과일은 설사를 유발하기도 한다. 포도는 개에서 신장 독성을 유발하므로 금기 음식이다. 급 · 만성 신부전에 걸린 증례가 종종 있기 때문이다.

주인이 술을 좋아하면 개도 술을 좋아한다. 혼술에 외로웠던지 주인이 호기심으로 개에게 술을 조금씩 먹이기 시작해서 반려견을 술 친구로 삼는다. 이에 맛을 들인 강아지가 소주 반 잔, 맥주 반 컵 정도를 먹은 경우도 있다.

말티즈 '참이슬'은 어느 날 주인이 먹다 남은 소주를 먹은 뒤 눈이 충혈되고 비틀거리며 계속 구토를 해서 주인이 병원으로 데려왔다. 진료대에 누워서 술 냄새를 풀풀 풍기는 참이슬을 보고 병원 안에 있던 손님들은 폭소를 터트렸다. 참이슬은 수액을 3시간 동안 맞고 나서야 구토가 멈췄고 술에서도 깨어났다. 평소에 개가 습관적으로 술을 먹지 않는 한 소주를 먹는 경우는 흔치 않다. 참이슬 주인은 집에서 소주 한 병을 그릇에 부어 마시곤 했는데 그럴 때마다 조금씩 남겨 참이슬에게 주었다고 한다. 그날은 주인이 소주를 그릇에 부어 마시다 4분의 1 정도를 남긴 채 잠이 들었는데, 한참 후 깨어보니 참이슬이 남은 소주를 다 먹고 그 지경이 되었다는 것.

강아지는 주인과 거의 일생을 함께하기 때문에 주인의 생활 습관을 그대로 따라간다. 심지어 얼굴 표정을 짓거나 표현하는 것, 심지어 걸음걸이까지 닮기도 한다. 그래서 강아지 주인의 얼굴에서 풍기는 인상에서 그 주인이 기르는 개의 품종을 연상시키기도 한다. 얼굴 표정이 편안하고 넉넉한 사람은 주로 시추나 퍼그를, 날카로운 표정을 가진 주인은 말티즈나 미니어쳐 핀셔, 요크셔테리어를, 우직하고 듬직한 사람은 알래스카 말라무트나, 골든 래트리버를, 깐깐한 성격의 소유자는 치와와를 키우는 성향이 있다.

그러나 이것이 꼭 맞는 것은 아니다. 왜냐하면 주인이 자기 성격대로 강아지를 키우기 때문이다. 만약에 성격이 온순하고 편안한 사람이 깐깐한 요크셔테리어나 치와와를 키울 경우에는 아마도 그 강아지의 몸무게가 4kg 이상으로 넉넉해질 수 있다. 원래 요크셔테리어나 치와와는 체중이 2.5~3kg 정도인데, 주인의 성격대로 키우게 되면 사료나 간식을 강아지가 원하는 대로 줄 가능성이 높기 때문이다.

체질이 닮는 경우도 있다. 어떤 음식에 알러지가 있는 강아지를 보면 그 주인도 동일한 음식에 알러지가 있다. 닭고기, 우유, 돼지고기, 햄 등이 알러젠을 함유한 음식이다. 이런 음식을 먹고 알러지가 생길 경우는 두드러기 정도로 끝나지 않고 심한 경우 발작을 일으키기도 한다. 제때 적절한 치료를 받지 않으면 사망에 이르기도 한다. 알러지가 생겨 내원한 강아지의 주인은 "왜 이런 것까지 나를 닮는지 모르겠다"고 황당해 한다.

우연의 일치라고 하겠지만 흉터나 병소의 위치까지 닮는 경우가 있다. 15년 된 미니어쳐 핀셔 '알핀이'는 가슴 중간쯤에 지름 3cm 정도의 혹이 생겨서 조직검사를 했다. 그 혹은 비만세포종 2단계로 진단되었고 알핀이는 우리 병원에 입원해서 수술을 받았다. 그런데 주인이 알핀이를 1주일간 입원시키고 자기도 종양 수술을 받으러 간다고 했다. "그런데 선생님, 알핀이의 수술 부위가 기가 막히게 저와 같은 곳이에요. 우리는 평생을 함께 살아서 병도 똑같이 생기네요. 내가 예후가 좋으면 우리 알핀이도 예후가 좋을 거예요"하고 병원 문을 나선다.

사실 알핀이의 나이가 15살이라 사람 나이로는 76살 할아버지에 해당한다. 노령견이라 마취에서 못 깨어날 수도 있어서 부담이 없는 것은 아니었지만 다행히 알핀이의 수술은 잘 끝났다. 종양 부위를 넓게 도려낸 뒤 봉합해주고 붕대로 감아 놓았다. 마취에서 깨어나는 시간은 느렸지만 잘 회복되었고 식욕도 빨리 돌아와서 수술 2일째부터 밥도 잘 먹었다.

1주일이 지나 알핀이 주인은 퇴원하자마자 곧장 우리 병원으로 왔다. 박박 밀어버린 머리에 모자를 쓰고 엉거주춤하게 걸어서 들어왔다. 알핀이의 조직검사 결과지를 읽어보더니 "2년 후 재발하더라도 2년을 벌었으니 됐다"고 한다. 조직검사 소견에는 피부종양이 악성이고 2기라서 전이가 될 경우 3~4년 생존율이 50~80%라고 기록되어 있었다. 어쨌든 알핀이와 함께 지낼 수 있는 2년의 시간을 벌었다고 좋아하는 알핀이 엄마를 보면서 참 좋은 성품을 가진 사람이다 싶었다.

교통사고로 왼쪽 눈을 다쳐 그 후유증으로 안구가 작아진 뽀야의 경우도 우연의 일치라고 하기에는 너무도 절묘한 우연이다. 모계 혈통으로만 유전되는 소안구증을 가진 뽀야 엄마와 언니를 따라 뽀야도 왼쪽 눈이 작아진 것을 무엇으로 설명할 수 있을까.

이런 우연이 어떤 연관관계가 있는지는 지금도 알 수 없다. 단지 주인이 아플 때 개에게 신경을 쓰지 못해서 개가 함께 아픈 경우는 종종 있다. 주인이 결석이 생겼는데 그 집 강아지도 결석이 생기는 경우도 있다. 실제 이 둘의 의학적 연관성은 없다고 할 수 있다. 다만 주인이 좋아하는 음식을 개도 함께 먹었다면 식생활에서 형성된 체질적인 어떤 연관이 있을 것이라고 막연히 짐작할 뿐이다.

또 주인이 자궁에 문제가 생겨 불임 수술을 한 경우 똑같이 강아지도 자궁에 문제가 생기는 경우가 있다. 이는 원인 자체가 사람과 개의 경우가 다르기 때문에 더더욱 연관성을 찾기는 힘들지만 간혹 주인들은 "얘는 나를 닮아서 같은 데가 문제가 생기네요"하고 신기해한다. 아마도 강아지를 가족같이 여겨 그렇게라도 가족으로 동일시하려는 심리가 작용한 것이 아닐까 추측해본다.

병아리와 초등생의 약속

여름방학이 시작되거나 개학할 무렵이면 초등학교 앞에는 늘 나타나는 보따리 장사꾼들이 있다. 바로 양계장에서 병아리 감별사에게 선택받지 못하고 버려진 병아리들이나 새끼 메추리들을 파는 상인들이다. 그들은 양계장에서 비실비실한 병아리를 싸게 인수받아 병아리 머리에 빨강, 분홍, 파랑, 연두색으로 염색을 한 뒤 이들을 500원에서 천 원에 팔며 코 흘리개 어린이들을 유혹한다.

장사꾼들은 이 병아리들이 3~4일, 길게는 1주일 정도밖에 살지 못한다는 것을 잘 알기에 병아리를 사가는 꼬마 고객들에게 동물병원에 가서 항생제를 사서 먹이라고 친절한 조언까지 해준다. 그래서 나는 이즈음에는 병아리 항생제를 처방 받으러 오는 초등학생 손님들을 위해 항생제를 소분해서 가장 저렴한 가격으로 처방해주곤 한다.

어느 날 병원 문이 열리면서 초등학교 3~4학년으로 보이는 한 여학생이 양손으로 병아리를 감싸 들고 들어왔다. 그리곤 병아리 모이를 달라고 했다. 요즈음은 새 모이를 찾는 손님이 거의 없어서 준비를 해두지 못한 터라 그 학생에게 바로 옆 건물에 있는 농협에 가서 좁쌀을 사서 먹이라고 일러주었다.

며칠이 지났을까? 갑자기 이 여학생이 울면서 병아리를 들고 황급히 들어왔다. 손에 들고 온 병아리는 내장이 배 바깥으로 쏟아져 나온 상태였다. 응급상황이었다. 왜 이렇게 되었냐고 물으니 여학생이 울면서 말하길 병아리가 가까이 온 줄 모르고 돌아눕다가 자기 등에 깔렸다는 것이다. 다른 진료 손님들에게 양해를 구하고 즉시 응급수술에 들어갔다.

그간의 임상 경험으로 볼 때 면역이 약한 아기일 때 내장이 배 바깥으로 터져 나오면 아무리 복강을 잘 소독하고 내장을 원위치시키고 봉합을 한다 해도 세균감염 등으로 인해 생존 확률이 20%도 채 안되었다. 그렇다고 해도 당장 내가 할 수 있는 것은 복강을 잘 소독해주고 내장을 넣어 봉합해 주는 일이 전부였다. 제발 잘 살아주기를 기원하면서.

그 초등학생은 급히 오느라 치료비도 가지고 오지를 않았다. 내 입장에서는 생존 확률이 높지 않은 병아리의 치료비를 받기도 애매해서 한 가지 제안을 했다. 만약 그 병아리가 살게 되면 수술비로 5,000원을 가지고 오고, 살지 못하고 죽으면 안 가져와도 된다고 이르고 집으로 돌려보냈다. 어릴 때부터 어떤 일에 대한 대가는 꼭 치러야 한다는 것을 인식시키기 위해 그렇게 했다. 수술비 5,000원도 사실은 학생임을 감안해 책정한 가격이었다. 물론 길에서 죽어가는 새나 길고양이 등을 데려오는 경우에는 초등생이거나 성인일지라도 무료로 진료를 해주기도 하지만 이 경우는 자신의 의지로 병원을 찾은 것이기에 무료로 해주지는 않았다.

그 후 병아리가 죽었을 것이라고 생각하고 이 일을 잊어버리고 있었다. 그런데 한 달이 지난 어느 날 오후 이 초등학생이 다시 병원 문을 빼꼼히 열고 들어왔다. 나는 반가운 마음

안녕?

에 병아리의 생존을 물었다. 그날 수술을 받고 난 병아리는 한 4일 정도를 살다가 죽었다고, 그래서 집 앞 화단에 묻어주었다고 했다. 그러더니 내게 병원비라며 5,000원을 내밀었다. 내가 병아리가 죽었으니 병원비는 갚지 않아도 된다고 말하자 그 초등학생은 바로 죽지 않고 며칠간이라도 살아 있게 해주셔서 고맙다고 하면서 기어이 돈을 내밀었다. 그러면서 덧붙이기를 그동안 병원비 5,000원을 모으느라고 조금 늦었다고 죄송하다는 것이다.

이 여학생은 오랫동안 가슴 한켠에 남아 있다. 비록 초등학생이었지만 약속을 지키려고 노력했고 자신이 한 행위에 대해 책임을 지려 했다는 점이 깊은 인상을 주었다. 아마도 이 친구는 책임감 있는 어른으로 성장해 어딘가에서 쓸모있는 역할을 하고 있으리라 믿는다.

강아지들의 명절 나기

추석이 되면 강아지들도 덩달아 바빠진다. 명절 맞을 준비를 해야 하기 때문이다. 새침이 '앵두'는 긴 연휴 탓에 병원 호텔에 맡겨지지 않고 엄마를 따라 할머니 댁으로 추석을 쇠러 갔다. 불황의 여파로 명절 1주일 전까지는 미용이 한산했지만 명절이 임박하자 미용 손님이 물밀듯이 밀려왔다.

추석을 전후로 큰 수술이 많아 무척 바빴다. 닭뼈를 3개씩이나 먹은 까만 털의 말티즈 잡종견 월하. 주인이 치킨을 시켜먹고 발라놓은 닭뼈를 쓰레기통에 그대로 버렸는데 이를 뒤져 몽땅 먹어치운 시추 짱구. 그리고 밥을 안 먹은 지 20일이 지나서 내원한 자궁축농증에 걸린 말티즈 하니가 수술을 받았다. 모두 위험하면서도 복강을 열어야 하는 대수술이었다.

닭뼈는 위에 들어가서 화살촉 모양으로 부러지기 때문에 최대한 빨리 수술을 해서 꺼내줘야 한다. 월하와 짱구는 닭뼈를 꺼내기만 하면 큰 무리 없이 회복될 수 있다. 그러나 하니는 수술을 해서 난소와 자궁을 제거한다 해도 수술이 너무 지체되었기 때문에 예후가 극히 불량했다. 다행히 모두 무사히 잘 회복되어 퇴원을 했다. 하니는 거의 죽기 직전에 살아난 터라 혈액 검사 결과도 매우 안 좋았다. 간과 신장의 기능이 많이 떨어져 있어서 혈액 검사 수치도 높게 나왔다. 나이도 9년 된 노령견이어서 앞으로 얼마나 살 수 있을지 장담하기가 어려운 상태였다.

하니 주인은 하니를 너무 늦게 병원에 데려온 것이 미안했던지 시댁에도 가지 않았다. 시댁에는 다른 핑계를 대고 하니를 24시간 간호하느라 명절 연휴를 모두 보냈다. 지극 정성으로 보살핀 엄마 덕택으로 하니는 미음과 죽을 먹고 회복되어 체온도 37도(강아지의 정상 체온은 38~39도) 정도를 유지할 정도로 호전되었다.

월하네 집에서는 그날 이후로 닭고기는 금기 음식이 되었다. 짱구는 매년 할머니 댁에서 추석 명절을 보냈는데, 이번에는 병원 호텔에서 꼼짝없이 추석 연휴를 보내야 했다. 식성이 좋은 짱구가 또다시 닭뼈를 먹는 사고를 칠까봐 예방 차원에서 호텔에 감금한 것이다.

다행히도 올해 연휴 기간에는 커다란 사건은 발생하지 않아서 응급수술은 없었다. 예전에는 명절 때 강아지가 바닥에 떨어진 인절미를 급히 주워 먹다가 목 안에 붙어서 숨을 깔딱거리며 온 식구가 달려온 경우도 있었다. 화급을 다투는 이런 경우에는 고난도의 외과 기술은 필요하지 않다. 거즈로 주둥이의 위와 아래를 끈으로 묶어서 벌리고 손가락으로 재빨리 떡을 꺼내는 것이 상책이다. 식도에 떡이 붙게 되면 기도를 압박해 단 몇 분 만에 질식해서 생사가 갈리기 때문이다. 결국 손가락으로 떡은 꺼냈지만 녀석에게 손가락을 물리고 말았다.

또 다른 사례는 아이가 배 한 조각을 너무 크게 잘라서 강아지에게 준 경우였다. 배를 급히 삼키려다 목에 걸리자 강아지는 사지를 쭉 뻗고 눈이 뒤집힌 채 내원했다. 이 경우도 마찬가지이다. 배 조각을 빼내든가 위장 속으로 밀어 넣든가 둘 중에 하나다. 그런데 빼낼 수 있으면 빼내는 것이 상책이다. 위장 속으로 밀어 넣다가 자칫 흉부 식도에 걸리면 흉부를 열어야 하는 불상사가 생길 수도 있기 때문이다.

명절 연휴 동안 병원 호텔에 맡겨진 대부분의 애완견들은 상당히 마음고생을 한다. 이유는 강아지들에게서 가장 많이 나타나는 주인과의 분리불안 스트레스 때문이다. '주인이 날 버린 것은 아닌가'라는 마음 졸임으로 인해 호텔에 맡겨진 기간 내내 상처를 받는다. 어떤 강아지는 병원 호텔에 한 번 맡겨진 다음부터는 그 후유증으로 주인과 절대로 떨어지지 않으려고 안간힘을 쓴다. 이를 교정하기까지는 많은 시간이 걸린다.

추석 연휴를 병원 호텔에서 보낸 '비비'는 집으로 돌아가서도 주인을 외면한 채 한참을 뒤로 돌아앉아 눈길조차 주지 않았다고 한다. 아마도 홀로 떨어졌던 기간 동안의 서운함을 온몸으로 나타낸 것이리라. 이런 경우는 주인이 맛있는 간식을 주고 달래서 금방 풀어지기도 하지만 대개는 일주일 이상 가기도 한다.

자유롭게 집에서 뛰어놀다가 호텔장이라는 좁은 공간에 갇힌다는 것도 강아지들에게는 상당한 스트레스다. 아무리 많은 시간을 병원 공간에 풀어놓고 운동을 시켜도 가족과 떨어져 지낸다는 것은 힘든 일이다. 그래도 맡길 데가 있다는 것은 행운이다. 맡길 데를 찾지 못해 버려지는 강아지도 상당수 있기 때문이다.

명절이 되면 우리 병원도 호텔에 맡기려는 강아지들은 많은데 공간이 협소하여 6~8마리 정도만 받을 수가 있는 실정이다. 맡길 데가 없거나 돌보아줄 사람을 찾지 못해서라는 단지 그 이유만으로 버려지는 허망한 경우도 있다. 그래서 강아지들의 명절나기는 단지 강아지들만의 문제는 아니다.

올해 추석에도 동물보호관리시스템에 등록된 유기동물이 1,359마리 정도라고 한다. 공고되지 않은 유기동물까지 합치면 훨씬 더 많을 것이다. 아무리 동물보호법을 만들고 동물등록제를 실시한다 해도 유기동물 수는 매년 증가하고 있다. 특히 명절을 전후해서 버려지는 유기동물이 많은데 그 수를 줄이기 위해서는 반려 동물을 위탁할 수 있는 시설을 확대하거나 명절 때 동물과 동반할 수 있는 사회 환경을 만들어야 한다. 예를 들면 동물과 입장이 가능한 호텔, 펜션, 휴게소, 식당 등을 만드는 것도 한 방법이다.

안락사와 수의사의 숙명

사람들이 동물과 만나게 되는 계기는 다양하다. 길을 가다 우연히 애견센터 장식장에 있는 강아지와 눈이 마주쳐서, 아는 사람의 반려견이 새끼를 낳아서, 아이들이 졸라서. 자식을 다 출가시킨 할머니가 외로워서, 아들이 군대를 가면서 자기 대신이라고 숙제를 내주듯이 강아지를 남겨놓고 가서, 또 자식이 유학을 가면서 기르던 강아지를 부모에게 맡겨서, 그리고 술 먹고 충동적으로 강아지를 분양받아서 등등이다. 어쨌든 처음에는 온 식구의 환영 속에 화려하게 입양되어 가족의 한 구성원으로 살아가게 된다.

주인의 철저한 건강관리로 인해 강아지들의 수명도 길어

지고 있다. 과거에는 약 10년 정도이던 강아지 수명이 이제는 보통 13년을 넘어 15년 내지 17년, 나아가 20년을 넘는 경우도 있다. 이는 질병에 대한 강아지 주인의 인식이 높아지고 위생 관념도 강화되었고 예방접종도 1년마다 꼬박꼬박 해주고 여름에는 모기로 인한 기생충에 대비해 심장사상충약도 매월 꼬박꼬박 먹이고 스켈링도 일정한 주기로 해주기 때문이다.

이제는 오히려 10년 이상 된 노령견이 매년 꾸준히 증가하고 있는 추세이고 이런 현상은 우리나라가 고령사회로 접어든 것과 궤를 같이 한다. 이러다 보니 관절 질환, 심장병, 디스크, 종양 등 노령 질환이 진료 케이스로 많이 등장하게 되고 침술 등 대체의학도 강아지들의 노령화와 더불어 인기를 더해간다. 이제는 강아지를 입양하는 문제를 넘어 강아지와의 이별을 어떻게 준비하느냐가 또한 이슈가 되고 있다.

사람과 달리 동물에게는 안락사가 허용이 된다. 그러다 보니 동물의 목숨이 주인의 의지와 경제력에 따라 좌지우지되기도 한다. 안락사도 진료의 한 부분이기 때문에 아무 원칙 없이 주인 마음대로 "안락사 시켜주세요" 해서 해주는 것은 절대 아니다. 여기에도 몇 가지 기준이 있다. 치료를 받다가 더 이상의 치료가 불가능하거나 치료 자체가 의미가 없을 때, 치료를 계속하기에 주인의 경제적인 사정이 너무 어려울 때, 고령이면서 치매나 불치의 병으로 가족들의 정상적인 생활이 어려워질 때에는 가족 모두의 동의를 얻어서 수의사의 판단에 따라 안락사가 허용되기도 한다.

그러다보니 이를 악용하는 사람들도 생겨났다. 경제적 능력이 있는데도 아픈 개에게 돈을 쓰기 싫다거나 회복을 위한 노력조차 하지 않거나 치매 등 노령견 질환을 견뎌내기 싫어서 너무나 이기적으로 안락사를 해달라고 조르는 경우이다. 그럴 때 수의사가 거절을 하면 강아지를 버리는 일이 종종 발생한다. 여러 번의 상담을 통해 해결책을 모색해보지만 결국 주인이 끝까지 책임지려는 의지가 없을 때는 어쩔 수 없이 안락사시키는 경우도 있다.

모든 생명은 저마다의 무게를 가지고 있다. 하지만 쉽게 돈으로 생명을 사고 버리는 현상을 주위에서 흔히 보게 된다. 15년 된 '복실이'는 심장병을 앓고 있었다. 믹스견이고 두 눈은 백내장이 온 지 오래지만 스스로 몸 관리를 깔끔하게 하는 편이었다. 심장병이 있어서 기침을 한번 시작하면 식구들이 잠을 못 자고 모두 깨어나곤 했다. 특히 기운이 더 떨어지는 새벽녘에 기침이 더 심해졌다. 일주일을 견디다 못한 복실이 엄마가 내원해서 집안 사정을 얘기하고 안락사를 의논해 왔다. 집에 치매에 걸린 할머니가 있어서 도저히 강아지까지 거둘 수가 없고 식구들이 밤에 잠을 설쳐서 정상적인 생활을 할 수 없다고 호소했다.

심장병은 노령 질환으로 꾸준히 약을 먹이고 죽을 때까지 주인의 간호가 필요한 질병이다. 그런데 주인이 치료할 의지가 없으면 병이 악화되는 것은 시간 문제다. 결국 복실이는 제대로 된 치료 한번 받아보지 못하고 생을 마감하게 되었다. 참으로 안타까운 일이었다.

주인은 포기했지만 안락사 직전에 다른 집으로 입양된 경우도 있다. 시추 암놈인 '아롱이'의 아빠는 장사를 한다. 5살 되던 해 어느 날 아롱이 아빠는 아롱이를 더 이상 키울 수 없으니 안락사시켜 달라고 왔다. 장사도 잘 안되고 늦게 집에 들어가기 때문에 아롱이를 돌볼 여유가 없다고 했다. 안락사 여건을 설명하고 이에 해당되지 않는다고 하자 실망한 눈빛으로 한참을 생각하던 아롱이 아빠는 울고 있는 아내의 손을 잡아끌고서 안락사비랑 화장비를 카운터에 던지고는 황급히 병원을 나가버렸다.

아롱이를 다시 원래 주인에게로 돌려보낸다 해도 키우기가 힘든 여건이고 전신에 피부병이 있는 아롱이를 그대로 다른 집으로 입양시킬 수도 없었다. 일단은 우리 병원에 입원시켜서 피부병을 치료하기로 했다. 치료를 시작한 지 한 달쯤 되자 아롱이의 피부병이 어느 정도 진정되기 시작했다.

나는 아롱이를 분양시키기 위해 우리 병원 손님 중에 강아지를 키울 수 있는 여건이 되는 집을 수소문하기 시작했다. 그러다 오래 전에 노환으로 반려견을 떠나 보냈고 현재 강아지가 없는 것으로 확인된 동동이네 집으로 아롱이를 입양 보냈다. 아롱이는 안락사 당하기에는 너무 어리고 안락사 당할 이유도 없었기 때문이다.

새 주인을 만난 아롱이는 지금도 사랑받으며 잘살고 있다. 자신을 억지로 안락사시키려고 했던 옛 주인의 모습을 아롱이는 어떻게 기억하고 있을까? 강아지들도 어느 정도의 지능이 있어서 사람 말을 알아듣기도 하고 분위기상으로 눈치를 채기도 한다.

지금 생각해도 불가사의한 일이지만 8개월 된 진돗개 '진돌이'는 주인의 입에서 안락사 얘기가 나오자마자 그대로 죽어버렸다. 원래 진돗개가 주인에게 충직하고 주인의 말이라면 무조건 복종하는 성격을 가졌다고는 하지만 주인에게 폐를 끼치려 하지 않는다는 것을 그대로 느끼게 해준 살벌한 경험이었다.

'진돌이'는 죽기 3일 전 난초에 뿌려놓은 캡슐 형태의 해충제를 먹었다고 한다. 그 후로 사흘 내내 구토를 하다 피까지 토하고 거의 죽을 지경이 다 되어서야 진돌이 아빠가 데리고 우리 병원으로 왔다. 진돌이는 링거를 꽂고 제토제를 투여해도 계속 피를 쏟아냈다. 너무 늦게 내원을 해서 위 세척도 의미가 없는 상황이었다. 그때 진돌이 아빠가 진돌이가 너무 괴로워하니까 안락사를 시키는 것이 어떻겠냐고 내 의견을 물었다. 그래서 진돌이 아빠와 안락사 문제를 의논하고 있었는데 갑자기 진돌이가 마치 그 이야기를 들은 것처럼 5분도 채 되지 않아서 거품을 꾸역꾸역 토하더니 그대로 숨을 거두고 말았다. 나도 진돌이 아빠도 졸지에 닥친 일이라 매우 황당해했다.

진돌이 아빠에 의하면 진돌이가 너무 영리해서 주인 말을 거스른 적이 없었다고 했다. 그런데 왜 베란다에 있는 화분을 엎어놓고 그 속에 뿌려놓은 위험한 해충제를 먹었는지 모르겠다며 마음 아파했다. 식물병원에 그 해충제의 성분을 문의해보니 농약 성분이 들어 있어서 개든 사람이든 그것을 먹었다면 위험하다고 했다. 먹은 뒤 바로 병원에 와서 위 세척이라도 했더라면 목숨을 건질 수 있었을 텐데, 참으로 안타까웠다.

그러나 이렇게 꼭 안타까운 죽음만 있는 것은 아니다. 주인의 경제적 능력과 애정의 정도에 따라 사람보다도 더 화려한 장례식을 치르면서 생을 마감하는 경우도 있다. 바이올린을 전공하는 딸과 14년 된 노령견과 함께 사는 '예삐' 엄마는 자신과 동고동락하던 예삐가 죽으면 성대한 장례식을 치러주겠다고 말했다. 그러면서 자기 딸이 며칠 전 아는 집의 강아지 장례식에 가서 장송곡을 연주해주고 왔다는 말을 조용히 귀띔해준다. 예삐가 죽으면 그 연주에 참석했던 딸의 친구들이 와서 장송곡을 연주해줄 것이라며 강아지에 대한 애정을 과시하기도 했다. 강아지를 키우지 않는 사람들이 들으면 이해하지 못할 것이다. 그러나 자신과 인생의 많은 시간을 함께 나누었던 반려견의 죽음을 자기 나름대로 위로해주고 싶은 마음은 강아지를 키우는 사람이라면 모두가 공감하는 부분이다.

개똥밭에 굴러도 저승보다 이승이 좋다는 말이 있다. 그만큼 살아 있음은 소중하고 어떻게 생을 마감하는가도 중요하다. 비록 동물로 태어나 생을 마감한다 하더라도 누군가의 기억 속에 한 점을 남기고 가는 것은 의미있는 일일 것이다. 안락사는 강아지를 위해 그리고 그 가족을 위해 수의사에게 부여된 피해갈 수 없는 숙명이다. 나는 안락사를 시킬 때마다 마음속으로 되뇌곤 한다. 수의사는 죽어서 절대로 천당에 못 간다고. 그만큼 안락사는 고통스럽다.

버나드 허쉬혼이 제안한 안락사의 6가지 기준

① 병세가 장기적이거나, 재발하거나, 악화되는가

② 더 이상 아무런 치료도 듣지 않는 상황인가

③ 개가 고통스러워하는가, 혹은 신체적으로 고통을 받고 있는가

④ 그 고통을 완화하는 것이 더 이상 불가능한가

⑤ 회복되어도 지병에 시달리거나 스스로를 돌볼 수 없을 가능성이 큰가

⑥ 회복되어도 더 이상 삶을 즐길 수 없거나 급격한 성격의 변화를 겪게 될 가능성이 큰가 (출처 :《떠돌이 개와 함께한 행복한 나의 인생》, 테드 케라소티)

이별에 대처하는 자세

어느 날 저녁 '조이' 할머니가 조이의 공동 화장을 의뢰하기 위해 내원하셨다. 조이는 17살 된 요크셔테리어로 몸무게도 4.7kg인 덩치가 좀 나가는 강아지였다. 보통 17년 정도를 키우면 대부분의 경우 개별 화장을 많이 의뢰한다. 개별 화장과 공동 화장의 차이는 비용도 3배 이상 차이가 나지만 화장을 한 후에 유골을 받을 수 있는지 여부에 있다. 공동 화장은 유골을 받을 수가 없다.

상자에서 꺼낸 조이의 몸 상태는 상당히 좋지 않았다. 전신 부종으로 배에는 복수가 차고 뒷다리는 통통 부어 있었고 오랫동안 씻기지 않아서 악취가 몸에 배고 똥과 오줌으로 찌

들어 있었다. 조이의 몸을 물티슈로 닦고 패드로 감싸주고 나서 공동 화장을 맡겼다.

진료카드를 정리하다가 아련히 조이의 어린 시절을 회상해보았다. 주인에게 얼마나 기쁨이었으면 이름을 조이라고 했을까. 조이를 처음 집으로 데려온 자녀가 외국에 있다고 하는 것으로 보아 나이 드신 조이의 할머니와 할아버지에게는 돌보기가 쉽지 않았을 상황이 짐작되고도 남았다.

이처럼 어떤 동물의 말년은 꽤나 쓸쓸하다. 그나마 평생 주인 곁에서 살다가 주인 옆에서 죽고 주인이 유골을 산이나 강에 뿌려주거나 땅에 묻어주면 그 동물은 한 세상 잘살다 가는 축에 속한다. 죽었을 때 슬퍼해줄 가족이 있다는 사실만으로도 위로가 되기 때문이다.

반려동물의 수명이 늘어난 데에는 동물진료 분야에서도 치과 진료가 전문화되면서 중요한 역할을 했다. 치아가 오랫동안 제 기능을 하면서 동물의 수명도 과거 10년을 전후하던 것이 15년을 넘어 17년으로, 심지어 20년을 넘는 경우도 있다. 개 나이가 20살이면 사람 나이로는 100세가 된다. 노령

화와 더불어 고혈압, 당뇨, 신부전, 종양, 뇌질환 등의 노령 질병들이 많이 나타나고 있다. 심장약을 수년간 복용하거나 치매(인지장애증후군)를 앓는 경우도 있다. 그러다가 동물의 질병이 더욱 악화되어 치료가 불가능해질 때는 가족들의 동의를 받아서 안락사를 하기도 한다.

죽음에 대처하는 강아지 주인들의 반응은 저마다 삶에 대한 자신들의 입장을 반영한다. 결국 삶에 대한 자신들의 태도와 거의 일치한다고 볼 수 있다.

지금도 기억에 남는 강아지 주인이 있다. 몇 년 전, 우리 병원에서 종양 제거 수술을 했던 '알퓐이'의 엄마다. 수술 후 2년 정도 살 거란 예상을 깨고 4년째 살아 있는 알퓐이는 치매에 걸렸고 정상 생활이 불가능해졌다. 이로 인해 가족 간에 불화가 생기자 다시 나를 찾아왔다. 안락사를 꼭 내게 의뢰하고 싶다고 했다. 나는 알퓐이가 고령이고 더 이상의 치료가 불가능하고 가족들도 정상 생활을 하기 어렵다고 판단되어 그녀의 의견을 받아들였다. 안락사 하는 동안 알퓐이 엄마는 침묵을 지켰고 울지도 않았으며 조용히 알퓐이의 죽음을 지켜보았다. 그리고 나서는 정말로 무겁게 내게 고맙다는 인사를 하고 알핀이를 데려갔다. 선산에 묻어준다고 했다. 수술 받은 부위의 종양이 죽는 날까지 재발하지 않아서 정말 고마웠다고 몇 번이나 인사를 했다. 슬픔을 억제하고 돌아가던 알핀이 엄마의 뒷모습이 오랫동안 내 가슴을 먹먹하게 했다.

치와와 '똘이'에 관한 추억도 잊혀지지 않는다. 똘이는 11살 된 수놈으로 연세가 많은 할아버님께서 항상 자전거 앞자리에 앉혀서 데리고 다녔던 강아지다. 사고가 나던 그해 여름 제주도로 가족여행을 간다고 너무나 즐거워하면서 옷도 사고 모자도 새로 샀던 모습이 스쳐간다. 나는 걱정이 되어서 똘이를 호텔에 맡기고 다녀오시라고 권했었다. 피서지에 개를 데리고 갔다가 예기치 못한 사고가 생겨 휴가도 망치고, 개도 잃는 경우를 종종 보았기 때문이다. 그러나 똘이 할아버지는 똘이를 떼어놓고 갈 수 없다면서 다음 날 휴가지인 제주도로 떠났다.

제주도 펜션에 도착한 그날 똘이네는 가슴 줄도 매지 않은 채 똘이를 내려놓은 모양이었다. 제주도에 다녀온 사람은 기억한다. 제주도 시 외곽을 달리는 차 속도가 장난이 아니라는 것을. 똘이는 차에서 내리자마자 그대로 도로로 뛰어들었고

똘이야
시원하지?

때마침 그곳을 지나던 승용차에 치여 즉사했다. 할아버지는 땅에 주저앉아 대성통곡을 했고 가족도 함께 울다가 결국 펜션 옆에 돌무덤을 만들어주고 "내년에 다시 오마" 하고 그날로 휴가를 포기하고 올라왔다. 다음 날 아침 할아버지의 며느님이 남은 똘이의 사료를 우리 병원으로 가져다주면서 사정을 얘기해주어서 안타까운 사연을 알게 되었다.

똘이를 잃고 허탈해하실 할아버지의 모습이 눈에 선했다. 그동안 할아버지는 손주들이 준 용돈을 모아두었다가 똘이의 치료비나 간식을 사는 데 아낌없이 쓰곤 했다. 그나마 다행인 것은 가끔 손주들이 놀러 와서 할아버지의 말동무가 되어준다는 것. 그러나 그 이후로 할아버지를 뵙지 못했다. 걱정이 되어서 며느님께 전화를 하니 할아버지가 요즈음은 기운이 없어서 집에만 계시는데 어쩌다 가끔 공원에 나가시면 먼 산만 보다가 들어오신다고 걱정을 했다. 할아버지의 노년을 함께했던 똘이의 빈자리는 매우 컸던 것 같다.

다시 1년이 지나고 여름 휴가철이 되자 똘이 할아버지와 가족들은 제주도에 있는 똘이의 돌무덤을 찾아가 장례식을 치르고 화장을 해서 유골을 가지고 돌아왔다고 한다.

또 한편으로 가슴을 쓸어내렸던 기억이 있다. 자식들을 다 출가시키고 그 허전함을 강아지로 대신 채우면서 살아왔던 '꽃님이' 엄마가 우리 병원에 오게 된 것은 꽃님이가 심근경색으로 인한 호흡 곤란 때문이었다. 응급상황이었다. 그러나 내원한 지 얼마 안 되어 응급조치를 할 겨를도 없이 꽃님이는 숨을 거두었다. 꽃님이 엄마는 어린애처럼 병원 바닥에 주저앉아 엉엉 울었다. 한참 동안 아들과 통화를 하고 나서야 겨우 진정이 된 꽃님이 엄마를 내가 부축하여 집까지 모셔다 주고 왔다. 꽃님이는 아들이 선산에 매장을 해주기로 했다고 한다.

다음 날 아침, 걱정이 되어 아들에게 전화를 했더니 꽃님이 엄마가 새벽에 응급실에 실려 갔다는 것이다. 오후에 꽃님이 엄마와 통화가 되어 위로의 말을 건네자 "자식들 다 소용없다. 꽃님이만큼 내 마음을 알아주는 자식이 없다. 이제 어떻게 살꼬!"라며 흐느낀다. 그래도 꽃님이의 죽음은 주인이 마지막 순간을 지켜주어 행복한 경우에 속한다. 죽은 자신을 위해 울어줄 주인이 있고 땅에 매장까지 해주었으니 아마도 꽃님이도 편한 마음으로 떠날 수 있었으리라.

주인에게 있어서 똘이와 꽃님이는 삶의 동반자였고 인생의 희로애락을 함께 나누었던 가족이다. 그런 가족의 상실감은 무엇으로도 보상될 수 없다. 그래도 꽃님이 엄마가 잘 이겨내리라 믿는다. 똘이 할아버지나 알핀이 엄마처럼.

펫로스증후군
(반려동물 상실증후군, pet loss syndrom)

가족처럼 키우던 반려동물이 죽었을 때 반려동물을 키우던 사람이 슬픔이나 정신적 장애를 겪는 현상을 말한다. 이는 지극히 정상 반응이다. 그러나 이 증상이 3개월 이상 지속되면 치료를 받아야 한다.

사람도 울고 갈 개의 모성애

여름 휴가철이 되면 강아지 호텔이 북적인다. 지금은 여행이 일상화되어 강아지를 호텔에 맡기고 여행을 즐기는 사람들이 많지만 강아지를 한 번도 떼어놓은 적이 없는 사람은 결심을 하기가 쉽지 않다. 특히 치와와라는 품종은 영물이어서 주인의 마음을 많이 헤아리고 예민하고 순종도도 높지만 돌보기에는 약간 까다로운 품종이다.

작년 여름 휴가철에 '주리'라는 9살 암컷 치와와가 내원한 적이 있었다. 주인이 아마 오징어를 주었던 모양이다. 복통 때문에 오줌도 지리고 뒷다리를 잘 딛지도 못했다. 강아지들은 말을 못하니까 주인이 알아서 챙겨야 하는데 관심 갖고 살펴보지 않으면 병이 상당히 진행된 후에 병원에 데려오는 경우가 많다. 특히 노령견은 처음에는 가벼운 소화기 질병으로 시작해서 점차 다른 장기의 기능 저하로까지 진행되어 죽음에 이르는 경우도 허다하다.

주리의 경우도 처음에는 단순히 소화불량 증상을 보였고 치료받고 나서 차도가 있었다. 그런데 주리의 상태가 호전되자 주리네 가족은 주리만 집에 홀로 남겨두고 3박 4일간 피서를 떠났다. 피서에서 돌아와 보니 주리가 머리에 피를 흘리며 거실 바닥에 쓰러져 있었고 식구들 얼굴을 보고 나서야 이내 숨을 거두었다고 한다.

식구들이 마냥 허탈해 하고 있는데 옆집에 살고 있던 삐삐가 방금 죽었다는 연락이 왔다. '삐삐'는 10살 된 치와와로 주리를 낳은 생모인데 주리가 죽은 그날 그 시간에 갑자기 죽었다고 했다. 시간을 역추적해 보니 삐삐는 주리가 아픈 날부터 밥을 먹지 않았다고 하며, 오줌을 지리고 뒷다리에 힘이 없는 상태였다가 주리가 죽은 시간에 깨끗이 함께 죽었다는 것이다.

이 얘기는 주리의 주인이 우리 동물병원에 와서 어떻게 이런 일이 있을 수 있냐고 하면서 TV에나 나올 법한 이야기라고 전해주고 간 사연이다. 어릴 때부터 삐삐 모녀를 진료하지 않아서 그 이전에는 어떠했는지 잘 모르겠지만, 아마도 이 둘은 떨어져 지내면서도 항상 서로를 그리워하다가 한날한시에 함께 이승을 떠나간 것으로 짐작된다.

간혹 강아지 중에는 삐삐처럼 커서도 자기 새끼를 잊지 못하는 경우도 있고 심지어 몇 년의 세월이 지났는데도 우연히 만났을 때 기가 막히게 자기 새끼를 알아보기도 한다.

우리 병원 제1호 진료 손님인 '보리'라는 잉글리쉬 코커스패니얼이 바로 그런 경우이다. 보리의 주인은 3-컬러(털색이 흰색, 검정, 갈색이 함께 나타남)인 코커스패니얼 새끼를 얻기 위해 3-컬러인 아메리카 코커스패니얼 종견 수놈과 갈색 털을 가진 보리를 교배시켰다. 그런데 주인의 바람과는 달리 보리는 엄마 닮은 갈색의 수놈 1마리와 먹통의 피부색을 가진 암놈 2마리를 낳았다. 이에 실망한 보리 주인은 먹통색의 암놈 두 마리를 우리 병원 손님들에게 무료로 분양해주라고 맡겼다. 그중 한 마리가 '난이'였다.

아기한테
가야해요

난이는 교사인 아빠와 피아니스트인 엄마가 있는 집으로 입양되었다. 난이를 입양한 집도 한 달 전에 아메리카 코커스패니얼 새끼 강아지를 분양받았다가 10일 만에 파보장염으로 잃은 경험이 있었다. 때마침 난이와 인연이 닿아서 난이 부모가 흔쾌히 받아들인 것이다.

3년이 지난 어느 날 미용하러 온 난이와 진료를 받으러 온 어미 보리가 우리 병원에서 우연히 조우했다. 처음에는 보리가 난이의 냄새를 맡다가 보리 주인이 병원 문을 나서자 그대로 따라갔다. 그런데 잠시 후 보리는 주인을 이끌고 다시 병원으로 돌아왔고 병원 안에서는 실로 극적인 모녀 상봉이 이루어졌다. 난이의 얼굴을 핥아주고 어루만지며 정말로 애달프게 반기는 보리의 모습에 주위 사람들 모두 가슴이 뭉클했다. 보리 주인의 말에 의하면 집으로 돌아가던 보리가 갑자기 멈추어서더니 자기를 끌다시피 해서 병원으로 되돌아왔다고 한다. 보리는 난이가 태어난 지 두 달 만에 헤어졌음에도 자기 새끼를 기억하고 알아본 것이다.

인간이라면 자기 자식이 죽었을 때 외로울까봐 자식과 함께 저승길을 갈 사람이 얼마나 될까? 헤어진 지 25년이 지났는데도 자기 자식을 알아볼 사람이 얼마나 될까? 주리와 보리의 경우를 보면서 잠시 생각해본다. 개들의 모성애도 사람 못지않게 뜨겁다는 것을.

모성애가 클수록 옥시토신도 많이 분비된다

옥시토신(oxytocin)은 애정 호르몬이라고도 하며 뇌하수체의 후엽에서 분비되는 신경전달물질로 분만과 수유를 촉진하는 호르몬이다. 자궁 수축 효과가 있는 이 호르몬은 포유동물이 새끼와 유대감을 형성하는 과정에서 많이 분비된다. 특히 상대방에 대해 호감을 가질 때 뇌에 생기는 천연 화학물질이다. 옥시토신은 개가 주인을 사랑할 때도 많이 분비되지만 자신의 새끼를 보면서 배출되는 호르몬의 양은 상상할 수도 없는 굉장한 양이라고 한다.

강아지의 눈은 색맹?

우리는 가끔 일상적인 익숙함에 의문을 가질 때가 있다. 수술복은 왜 녹색일까? 강아지의 눈은 검은색인 것 같은데, 밤에 보면 왜 홍색이거나 청록색일까? 강아지는 세상의 색을 몇 가지나 인지할 수 있을까? 강아지는 눈이 오면 왜 신나게 뛰어다니는 걸까? 강아지를 키우면서 한 번쯤 가지게 되는 의문이다.

모든 사물에 다 양면성이 있듯이 우리가 아는 청색(녹색계열)도 양면성을 가진다. 강아지를 비롯해 고양이들도 발정이 날 때 눈은 청색으로 더욱 빛이 난다. 동물은 초록이 시작되는 따뜻한 봄날에 발정이 많이 오지만 녹색이 온 세상을 뒤

덮고 푸른색이 강한 보름달이 뜨는 가을날에 가장 많이 교미가 이루어진다. 우리가 먹는 초록색 음식도 컬러 푸드 중에서 치료 효과가 가장 강력하다고 한다. 그린 푸드의 비타민과 미네랄이 신진대사를 왕성하게 하기 때문이다.

우리 몸의 혈류를 전자파로 나타낼 때 붉은색은 동맥을, 푸른색은 정맥을 나타낸다. 수술복이 녹색인 이유는 장시간 수술로 인해 눈이 피로해져서 눈의 착시가 일어날 경우 동맥과 정맥을 구별하지 못해서 혈관을 잘못 절개하는 것을 막기 위해서라고 한다. 녹색은 우리 눈에서 일어나는 잔상으로 인한 착시를 막아준다. 사람의 신체에서 나타나는 붉은색은 모두 건강함을 의미한다. 반면 푸른색, 즉 청색은 사람 몸에서는 죽음의 색깔이다.

강아지가 나이가 들어 심근경색이 올 경우 혀는 청색을 나타낸다. 이를 청색증이라고 하는데 거의 심장병 말기에 나타난다. 죽음의 문턱에서 보이는 청색은 안타까움 그 자체이다. 심장 기능이 떨어지고 폐에 물이 차서 호흡이 힘들어지면 개구호흡(입을 벌리고 하는 호흡)을 하게 되고 결국 청색증을 보이게 되면 예후가 극히 불량해진다. 그야말로 응급상황이며 회복되지 못할 때가 많다. 이럴 때는 미리 강아지 주인에게 마음의 준비를 하도록 이르고 응급처치에 들어간다. 젊음과 패기의 청색이 그야말로 죽음의 색으로 변하는 순간이다.

그러나 예외도 있다. 중국 개 차우차우나 샤페이의 혀는 푸른색 또는 보라색을 띤다. 그러나 이들 종의 혀의 색을 보고 폐나 심장 질환의 징후인 청색증이거나 희귀한 헤모글로빈 질환이라고 하지는 않는다. 아마도 유전적인 소인일 것으로 추측된다.

강아지의 눈은 색맹인데 대부분 녹색 색맹이다. 그래서 강아지들은 적색과 녹색을 잘 구별하지 못한다. 그리고 녹색 이외의 색은 옅은 노란색에서 진한 노란색으로 보인다. 그 이유는 개들은 원래 야행성이라서 색을 구별해주는 원추세포의 수가 사람보다 적기 때문이다. 이는 본래 개들이 야간에 주로 활동했었기 때문에 많은 색깔의 구분이 필요하지 않았고 그보다는 오히려 청각과 후각의 기능이 더 필요했을 수도 있다. 그래서 강아지는 시각을 잃더라도 청각이나 후각이 이를 보완해주기 때문에 살아가는 데 크게 지장을 받지 않는다.

그런데 색을 구별하는 능력이 떨어지는 강아지가 눈이 오면 왜 즐거워하는 걸까? 그것은 아마도 흰색이 세상을 밝게 보이게 하기 때문이라고 추측할 수 있다. 하늘하늘 내리는 눈을 보고 시력이 나쁜 강아지가 그것을 어찌해 보려고 이리 뛰고 저리 뛰는 모습이 사람들 눈에는 즐거워하는 것처럼 보이기 때문이 아닐까 싶다. 그렇다면 강아지 밥그릇 색깔 중에 빨간색은 식욕을 촉진하고 청색은 식욕을 억제한다는 설(?)도 결국은 사람의 시각에 맞추어진 편견이 아닐까. 강아지들은 그저 자기 본능에 충실할 뿐이다.

주인의 자화상, '빌리' 이야기

빌리는 미니어처 핀셔(미니핀)로 4년 전 봄날 내게 첫 진료를 받으러 왔다. 집이 인천이라서 누군가의 소개를 받아 오게 되었는데 그 당시 다른 병원에서 접종한 광견병 백신 부작용으로 상당히 고생을 하고 있었다. 혈액 검사 결과 간 관련 수치가 높게 나와서 구토를 자주 했었다는 진료 기록이 남아 있다.

미니핀이라는 종은 원래 예민하고 연약하고 목이 약간 길어서 작은 사슴과 같다. 이 종은 원래 저먼 핀셔에서 개발된 종으로 사육 목적은 쥐 잡는 개였다. 지금은 애완견으로만 길러지고 있어서 세련된 외모를 가지고 있지만 날쌔고 뭔가 의

심스러우면 짖어대는 본래의 속성을 가지고 있다.

그런데 빌리는 주인이 워낙 애지중지하며 키워서인지 짖지도 않았고 주인 품에서 놀고 자고 했으며, 한시도 가만히 있지 않고 소파에서 침대로 마구 뛰어다녔다. 그러던 어느 날 소파에 올라가려던 빌리가 발을 헛디뎌서 바닥으로 떨어졌다. 진단명은 엑스레이상으로 경추 6번과 7번 사이에 있는 디스크가 밀려나온 추간판탈출증, 즉 허리 디스크였다.

빌리는 목 부위에 경련이 일어났고 다리를 뻗은 채 누운 채로 계속 아프다고 낑낑거렸다. 급히 수액을 연결하고 응급처치를 했다. 이럴 때는 일단 신경변성을 막는 것이 중요하므로 이에 쓰는 약물을 투여했다. 다행히 다치자마자 병원으로 빨리 데려와서 6회의 약물 투여 중 2회 투여 만에 증상이 완화되기 시작했다. 물론 집이 인천이어서 우리 병원에 오기 전에 집 근처 다른 동물병원에 갔었다고 한다. 그 병원에서는 뼈에 이상이 없다고 아무런 조치도 취하지 않은 모양이었다.

다음 날 빌리의 상태가 많이 좋아져서 침 치료까지 받을 필요가 없어 약만 처방해 주고 저녁에 퇴원시켰다. 아직 완치

된 것이 아니라서 활동을 제한하기 위해 철장 케이지에 넣을 것을 당부했다. 빌리 주인은 조심시키겠다는 약속을 하고 빌리를 집으로 데려가며 앞으로 3일에 한 번씩 침 치료를 받기로 했다. 그리고 아무 일 없이 1주일이 지나갔다.

그러던 일요일 아침 일찍 핸드폰으로 연락이 왔다. 빌리가 다시 소파에 올라가려다 떨어졌고 이번에는 머리를 심하게 다쳐 완전히 쭉 뻗었다는 것이다. 급히 병원으로 가보니 빌리는 침을 줄줄 흘리며 숨도 제대로 쉬지 못한 채 몸이 완전히 늘어져 있었다. 몇 가지 응급조치를 하고 입원을 시켰지만 예후를 장담할 수가 없었다. 그렇게 조심을 시켰음에도 상태가 조금 좋아지자 평소와 마찬가지로 소파에도 오르락내리락 했던 것 같다. 그러다 일이 크게 벌어진 것이다.

그때서야 알았다. 빌리와 빌리 엄마의 특별한 관계를. 빌리 엄마는 우울증 때문에 빌리를 입양했고 빌리 덕분에 우울증이 치료되었다고 한다. 그런데 강아지가 주인을 닮아가는 것처럼 빌리도 무척 예민했다고 한다. 한번은 빌리 엄마가 아픈 빌리를 데리고 내원한 적이 있었다. 몇 가지 검사 결과 빌리는 스트레스로 진단되었고 조용히 쉬면 괜찮을 것이라고 판단해 주사도 약도 처방하지 않았다. 그랬더니 그 다음 날 빌리 엄마가 다시 와서는 빌리가 계속 아프다고 했다. 빌리 엄마가 '빌리가 아프다'는 생각에 집착을 하기 시작하면 영락없이 빌리는 주사를 맞아야 했다. 결국 빌리는 주사도 맞고 약도 처방 받았고 비로소 빌리 엄마도 편안해졌다.

병원에 입원한 빌리의 상태가 아무래도 심상치 않아서 그 날 밤 11시 30분에 빌리 엄마를 오시게 했다. 빌리는 뇌신경 손상으로 침을 넘기지 못했고 심장 기능이 떨어지면서 폐에 계속 물이 차서 숨쉬기조차 힘들어 했다. 황급히 달려온 엄마를 보자 빌리는 일시적으로 기운을 차리더니 엄마도 알아보고 눈짓도 하곤 했다. 엄마가 집에 간다고 하니까 고개를 들어 애절한 눈빛으로 자신도 데려가라는 암시를 보냈다. 빌리는 결국 몇 시간 후인 새벽 2시에 생을 마감했다.

"빌리야 지난 5년간 우리 참 좋았다. 너 때문에 병도 나았고 함께할 수 있어서. 내가 너무 예민해서 너를 강하게 키우지 못했구나. 미안하다." 엄마의 마음을 뒤로 한 채 빌리는 무지개다리를 건넜다.

빌리의 사례를 통해 수의사는 강아지만을 치료해서는 안 된다는 교훈을 얻었다. 아픈 개 뒤에는 반드시 아픈 주인이 있고 주인이 치료되지 않으면 강아지도 치료되지 않는다는 것을 절실히 느꼈다. 행동학적인 질병을 치료할 때에도 문제를 일으키는 개 뒤에는 반드시 문제 주인이 있음을 인식하고 문제의 근원을 찾아서 치료하도록 노력하고 있다. 그래서 가능하면 강아지 주인과의 상담시간을 충분히 가지려고 하고 있다.

제2장

질병과 싸우는 강아지들

라이터 먹는 페키니즈 '초롱이'

동물들 중에는 이식증이라는 질병을 가지고 있는 경우가 있다. 이식증이란 음식이 아닌 이물질을 반복적으로 먹는 행위를 말하는데, 주로 밥을 먹고는 있으나 특정 영양소의 흡수가 부족할 때, 지루함으로 인한 스트레스를 받을 때 나타난다. 이런 질병을 가진 동물은 흙, 종이, 쇠붙이, 스타킹, 양말 등을 마구 먹어 치운다. 강아지 주인들이 가장 힘들어하는 것이 자기 똥을 먹는 식분증인데 이것도 이식증의 일종이다.

'초롱이'라는 페키니즈 수놈은 주로 가스라이터에 붙어 있는 쇠붙이를 먹어 치우는 특별한 이식증을 가지고 있었다. 처음에는 라이터 쇠붙이 2개를 뜯어 먹었고, 그 다음에는 1개를 그리고 마지막에는 다시 2개를 먹었다. 처음 먹었을 때는 위 절개 수술을 해서 쇠붙이 2개를 꺼냈고 그 다음에는 다행히 똥으로 나왔고, 마지막에는 다시 수술을 해서 쇠붙이 2개를 꺼냈다.

맨 처음에는 라이터에 붙어 있는 쇠붙이를 이빨로 물어서 쇠가 옆으로 비틀어져 붙어서 도저히 위 유문부를 통과하지 못해 수술을 했다. 세 번째의 경우는 똥으로 나오기를 기다렸으나 1주일을 기다려도 나오지 않자 주인이 불안해서 내원했었다. 엑스레이 사진을 찍어보니 이 쇠붙이의 크기가 첫 번째 삼킨 라이터 쇠붙이보다 컸다. 위와 장을 연결하는 연결부인 유문부를 도저히 통과할 수 없는 크기였다. 할 수 없이 수술을 해서 꺼낸 다음 1주일을 죽만 먹고 회복되었다.

그러나 지금 초롱이는 다른 집으로 보내졌다. 주인이 담배를 끊든가 초롱이의 이식증이 개선되든가 해야 하는데, 둘 다 불가능해서 취해진 조치이다. 초롱이는 왜 그렇게 반복해서 라이터 쇠붙이를 먹었을까? 장시간 집에 홀로 남겨진 데 대한 몸부림이었을까? 아니면 주인이 담배 피우는 게 싫었던 초롱이의 저항 행동이었을까? 어쨌든 초롱이는 무엇인가를 주인에게 얘기하고자 했을 것이다. 다만 주인이 알아채지 못했을 뿐.

이식증을 가진 강아지들은 대개 선천적으로 장이 취약함에도 불구하고 식욕이 엄청 왕성한 경우가 많다. 식욕에 비해 체중은 잘 나가지 않는다. 그러니 항상 먹을 것을 탐색하고 먹는 것에 연연하다 보니 아무거나 닥치는 대로 먹어 치워서 질병에 취약한 편이다.

'꼬마'라는 슈나우저가 이런 경우였다. 꼬마는 중형견인 미니어처슈나우저인데도 크기가 작았다. 주인이 너무 클까봐 사료를 적게 먹였기 때문이다. 그러다 보니 꼬마는 베란다에 있는 화초, 즉 난초와 선인장 등을 마구 뜯어먹었다. 이는 이식증과는 별개로 밥을 적게 주는 주인에 대한 불만을 나타내는 것이기도 하고 실제로 배가 고파서이기도 하다.

어느 날 꼬마 엄마가 프라이팬에 조기 2마리를 얹어 가스레인지 위에 올려놓고 잠시 자리를 비운 사이, 생선 냄새를 맡은 꼬마가 잽싸게 이를 몽땅 먹어 치웠다. 짜고 익지도 않은 생선을 뼈째 먹었으니 괜찮을 리가 없다. 이후 꼬마는 계속 구토를 하기 시작했는데 주인은 1주일이 지나서야 바짝 야윈 채 "꺽꺽"하고 계속 구토를 하는 꼬마를 병원에 데려왔다.

엑스레이 촬영을 해보니 위 유문부에 이상한 음영이 나타났다. 무엇인가 유문부를 막고 있어서 구토를 계속한다는 진단이 내려졌다. 수술이 필요한 상황이었다. 그러나 꼬마 주인은 수술을 꺼려해서 하루만 더 약물치료를 해줄 것을 요청했고 주인의 요구에 따라 약물치료만 했다. 그러나 구토가 계속되자 꼬마 주인은 수술에 동의했고 나는 수술 서약서를 받고 수술에 들어갔다.

마취를 하고 위를 절개해서 들여다보니 위 유문부에 이상한 조직이 생겨나서 위에서 장으로 이어지는 통로를 막고 있었다. 이 조직이 구토를 유발하는 원인이기도 했다. 이상 조직을 절제하고 유문부의 공간을 원래대로 만들어주고 수술을 끝냈다. 아마도 꼬마가 화초나 선인장 같은 날카로운 것을 반복해서 먹음으로써 위장 점막이 계속 자극을 받다 보니까 이상조직이 생겨난 것으로 짐작되었다.

꼬마는 마취에서 잘 회복되었고 1주일 동안 입원해 수액을 맞고 미음에서 시작하여 죽을 먹게 되어서야 퇴원했다. 집에 가서도 닭 찹쌀 죽을 2주간 더 먹고 완전히 회복했다. 그날 이후로 꼬마 주인은 꼬마에게 사료를 충분히 주고 있다. 지금은 이전보다 몸무게가 2kg이나 더 나가게 되었고 완전히 다른 개가 되었다.

그날 이후 꼬마에게 또 다른 변화가 생겼다. 수술 이전에는 오줌을 잘 가리지 못했던 꼬마가 화장실에 가서 오줌을 누는 깔끔한 개로 재탄생한 것이다. 오줌을 가리게 된 데에는 나름대로의 사연이 있었다. 여기저기 지려놓은 꼬마의 오줌을 치우는데 지친 꼬마 엄마가 어느 날 현관문을 열고 "오줌을 못 가리려면 나가라"고 내쫓으려 하자 꼬마가 현관문을 부여잡고 안 나가려고 버티었다고 한다. 그 일로 충격이 컸던지 꼬마는 이후로는 화장실에 가서 오줌과 똥을 누기 시작했다. 그런 이유도 있었겠지만 수술 이후 먹을 것을 마음대로 먹게 된 꼬마가 심신이 안정되어 주인의 말을 잘 따르게 된 것이라고 짐작한다.

이처럼 동물들은 말은 못 해도 자신의 욕구가 채워지지 않을 때 특이한 행동을 통해 신호를 보낸다. 주인이 그것을 빨리 알아차리면 크게 문제가 되지 않는데 그렇지 못할 경우 나중에 큰 대가를 치르게 된다. 초롱이와 꼬마도 자신의 얘기를 주인이 들어주기를 간절히 원했던 것이 아닐까.

이식증은 몸이 보내는 신호

강아지가 음식 이외에 쇠붙이, 양말, 스타킹 등을 먹는 이식증은 일부 영양소의 결핍에서 기인하거나 강박관념이나 스트레스가 주원인인 경우가 많다. 특히 지루함에서 오는 이식증의 경우는 운동을 통해 강아지의 활동량을 높여주는 것으로도 완화될 수 있다. 주인들을 힘들게 하는 식분증(배설물을 먹는 것)도 영양 섭취 부족, 췌장효소 결핍, 장내 기생충, 영양 성분의 장내 흡수 불량 또는 수두증과 연관이 있을 수 있다.

파보장염을 이겨낸 '사랑이'

경기는 바닥을 치고 있음에도 강아지들의 분양은 꾸준히 이루어지고 있다. 공급은 줄어들었지만 수요가 살아 있어서인지 강아지 분양 가격은 오히려 많이 올랐다. 그러다 보니 인터넷으로 강아지를 분양받는 경우가 많아졌다. 애견센터보다 강아지 분양 가격이 저렴하기 때문인데 그러다 낭패를 볼 수도 있다.

애견센터와 마찬가지로 인터넷 분양업자도 강아지를 분양할 때 소비자에게 분양계약서를 작성해주어야 한다. 하지만 인터넷 분양업자들 대부분이 분양계약서를 작성해주지 않는 조건으로 강아지를 저렴한 가격에 분양한다. 분양계약서가 중요한 이유는 강아지를 분양받고 15일 이내에 질병에 걸리거나 죽는 경우에는 법적으로 정당한 보상을 요구할 수 있는 근거가 되기 때문이다.

파보 바이러스 장염은 잠복기가 3~5일이라서 분양을 받고 빠르면 1일 내지 2~3일 만에 급성으로 발병하여 구토나 혈변을 쏟아내며 죽어가는 무서운 질병이다. '사랑이'는 인터넷으로 분양을 받고나서 하루 만에 구토와 발작을 했고 평택에 있는 집 근처 동물병원에서 파보장염 키트 검사 결과 양성 반응이 나왔다.

사랑이 주인은 우리 동물병원 근처 오피스텔에 산다. 원래 '하늘'이라는 페키니즈를 키우고 있었는데 평택에 사는 어머니가 하늘이를 너무 예뻐했지만 차마 하늘이를 보낼 수 없어서 사랑이를 분양받아 어머니에게 선물을 했는데 사달이 난 것이다.

다음 날 사랑이 주인은 사랑이를 데리고 우리 병원에 왔다. 다른 병원에서 이미 파보장염 확진 판정을 받았기 때문에 주인은 다시 키트 검사를 하지 않겠다고 했다. 비용 부담 때문이다. 그러나 직접 내 눈으로 파보장염을 확인할 필요가 있어서 일단 파보장염 키트 검사를 하여 양성 반응을 확인했다. 사랑이에게 수액을 장착하고 파보장염 특수치료에 들어갔다. 이 질병은 시간을 다투는 질병이라서 치료를 빨리 시작할수록 치료율도 높다. 물론 치사율이 90%가 넘는 무서운 전염력을 가진 질병이기도 하다. 그래서 입원을 받을 때도 생사를 장담해줄 수 없다.

사랑이 주인은 사랑이를 병원에 입원시켜 놓고 강아지를 분양한 인터넷 쇼핑몰 업자를 잡으러 갔다. 그런데 이 분양업자가 전화도 받지 않고 피해 다니자 한 가지 꾀를 냈다. 동생 친구를 시켜 강아지를 분양받겠다고 문자를 보낸 것. 분양업자에게서 곧바로 연락이 왔고 사랑이 주인은 그를 만나러 간다고 나섰다. 가녀린 여자가 눈에 독기를 품고 "이놈을 잡아서 경찰서로 넘기겠다"고 씩씩거리며 나서는 것을 내가 극구 말렸다. 남자 두 명을 더 데리고 가라고 권했다. 여자 혼자 분양업자를 만나러 갈 경우 예상치 못한 일이 벌어질 수도 있기 때문이다.

사랑이는 수액과 동물 혈액은행에서 공수한 면역 혈청주

사를 여러 병 맞고 나서야 상당히 호전되었다. 입원 2일째부터 식욕이 되살아나기 시작해서 죽을 만들어 먹이니 곧잘 받아먹었다. 파보장염에 걸린 강아지가 밥을 먹기 시작하면 생존할 확률이 높아진다. 저녁에 사랑이 주인에게 전화가 걸려왔다. 분양업자를 잡았냐고 물었더니 약속 장소에 나타나지 않아서 못 만났다고 한다. 사랑이가 살아날 것 같으니 마음을 편히 먹으라는 내 말이 그나마 위로가 된 듯했다.

입원 3일째, 사랑이의 백혈구 수치가 정상에 가깝게 증가했다. 그날 오후에 퇴원시키려고 주인에게 전화를 했더니 저녁 늦게 오겠다고 한다. 밤 10시가 다 되어서 사랑이 주인은 손에 링거를 꽂은 채 나타났다. 그녀는 자기도 지금 병원에 입원해서 수액을 맞다가 오는 길이라고 했다. 아무래도 분노 때문에 병이 난 것 같았다. 나는 사랑이 주인에게 분양업자 찾는 일은 그만두고 사랑이를 잘 키우라고 신신당부를 한 뒤 오피스텔까지 부축해주었다.

그 후에도 사랑이는 저혈당증으로 발작을 일으켜서 다시 2박 3일을 입원해야 했다. 강아지를 작게 키우려고 사료를 적게 먹인 주인의 욕심 때문이었다. 사랑이는 포도당이 들어간 수액을 맞고 식욕이 되살아나서 정신없이 사료를 먹고 잘 놀았다. 저혈당증에 걸린 강아지들에게 곧바로 포도당을 주사하면 누워 있다가도 기적처럼 벌떡 일어난다. 그러나 저혈당증은 시기를 놓치면 사망할 수도 있는 무서운 질병이다. 저혈당증의 원인은 대부분 강아지가 사료를 적게 먹거나 아니면 주인이 사료를 적게 먹여서 발생한다. 뇌에 포도당 공급이 감소되면 간질 환자처럼 발작을 한다. 강아지를 날씬하게 키우려는 주인들의 욕심 때문에 종종 겪게 되는 현상이다.

사랑이 주인은 그 사이에 분양업자를 만났다. 사랑이의 병원비를 통장으로 이체시켜 주겠다는 분영업자의 말만 믿고 그대로 돌아왔지만 치료비는커녕 연락도 안 된다고 사랑이 주인은 또다시 분통을 터뜨렸다.

결국 사랑이 주인은 분양업자에게서 사랑이의 병원비를 보상 받으려는 마음을 접었다. 그리고 몇 달 후 자신이 키우고 있던 하늘이가 생리를 시작하자 배란 검사를 받으려고 내원했다. 하늘이를 교배시키기로 작정한 모양이었다. 배란 검사를 한 뒤 이틀 뒤로 교배 날짜를 잡았고 그날 하늘이는 시집을 갔다. 하늘이를 예뻐하는 어머니에게 하늘이가 낳은 새끼를 선물하기 위해서라고 한다.

언젠가 공중파 TV의 한 고발 프로에서 '강아지 분양의 실태'에 대해 방송한 적이 있다. 우리나라의 강아지 분양의 메카인 충무로 애견센터의 실상을 취재한 내용으로, 강아지를 분양했다가 파보장염에 걸리자 치료하겠다고 다시 돌려받은 뒤 다른 소비자에게 재분양해서 12시간 만에 사망한 사례를 몰래카메라 형식으로 다뤘다.

제작진이 4군데 애견센터에서 5마리의 강아지를 분양받았는데 그중 4마리가 1주일 이내에 파보장염에 걸려서 죽었다는 사실을 고발했다. 대부분의 소비자들이 이미 파보장염 바이러스에 감염되어 있는 강아지를 구입한다고 해도 과언이 아니었다. 분양받은 강아지가 죽은 뒤에 애견센터에서 다시 강아지를 분양받는다 해도 건강 상태를 장담하기 어렵다는 사실을 깨닫게 해주는 방송이었다. 제작진조차도 법에 보장된 보상을 제대로 받지 못했을 것이라고 짐작이 된다. 그러니 사랑이가 그 무서운 파보장염에 걸리고도 살아난 것만으로도 천만다행이다.

강아지를 분양받을 때 주의점

소비자가 강아지를 분양받을 때는 반드시 동물병원의 건강 진단서를 받아두어야 한다. 또, 분양업자에 관한 기록과 강아지 혈통, 성, 색상과 관련한 특징 사항 등이 담긴 분양계약서, 그리고 구입 금액과 날짜 등이 명시된 영수증을 반드시 챙겨두어야 한다.

재판에서 승소하고도 빈손인 '단지'네

우리 동물병원 개원 초기 때부터 오던 손님 중에 단지네가 있다. 인터넷 사이트에서 강아지 두 마리를 분양받았는데 그 중 한 마리가 별이고 또 한 마리는 푸들 잡종견인 단지다. 단지네는 분양받은 후 곧바로 별이를 홍역으로 잃자 법정 소송까지 가서 3개월 만에 승소 판결을 받았지만 손해 배상을 책임질 분양업자가 도망가는 바람에 한푼도 보상을 받지 못했다. 그 사연에 얽힌 웃지 못할 일화가 있다.

단지네가 별이를 분양받은 곳은 반품된 강아지를 싸게 50% D.C해서 판다는 인터넷 분양 사이트인데 이 사이트 운영자가 우리 병원 근처에 사무실을 가지고 있었다. 사무실 오픈 초기에 그 사이트 사장은 우리 병원에 찾아와서 자기네가 분양하는 강아지의 예방접종비를 반값에 해주고 아픈 강아지를 관리해주는, 소위 분양업체-동물병원 간 협찬 계약을 맺자고 제안했었다. 그러나 나는 이를 거절했다. 이런 사이트를 운영하는 업자들이 분양하는 강아지는 대부분 경매장에서 데려오고, 그것도 반품된 강아지를 분양한다면 더더욱 전염병에 걸렸을 가능성이 크다. 또한 건강 상태가 좋지 않은 강아지에게 바로 예방접종을 하면 오히려 전염병에 걸리거나 심지어 사망할 수도 있다. 전염병에 걸린 강아지를 우리 병원에서 관리하다가 병원 내부에 전염성 바이러스가 퍼질 우려도 있어서 다른 강아지들에게도 위험할 수 있다고 판단했기 때문이다.

무엇보다도 분양업자의 이익을 위해 예방백신의 가격을 50%나 할인해준다는 것에 동의할 수 없었다. 우리 병원은 애견센터와 협찬을 하지 않을 뿐더러 특별한 이유가 없는 한 진료비 할인도 하지 않는다. 따라서 애견센터의 거래를 받아들일 하등의 이유가 없었다.

그런데 분양받은 지 3일째 별이가 밥도 잘 안 먹고 콧물 등

감기 증상을 보여 혈액을 채혈해서 개홍역 키트 검사를 했더니 홍역 양성 반응이 나왔다. 단지네는 이 진단 키트를 가지고 별이를 분양했던 그 분양 사이트 운영 사무실에 별이의 치료를 맡겼다. 이에 앙심을 품은 분양업자가 우리 병원에 와서 행패를 부렸고 급기야 병원 맞은편에 있는 지구대 소속 경찰이 출동하는 일까지 벌어졌다.

분양업자는 별이가 홍역이 아니라고 주장했는데 그 근거로 이 분양업자가 거래하는 다른 동물병원의 진단서를 내밀었다. 진단서에는 홍역 검사에서 음성 반응이 나왔기 때문에 별이의 증상은 '스트레스로 인한 설사와 기운 없음'이라고 적혀 있었다. 이런 진단을 내린 병원에서 별이는 제대로 된 치료도 받지 못한 채 10일 만에 죽고 말았다.

이에 화가 난 단지네가 분양업자를 대상으로 별이의 죽음에 대해 손해 배상을 청구하는 법정 소송을 시작했다. 이 사건을 맡은 판사는 왜 두 병원의 진단이 다른지를 설명하고 그 근거를 제시하라고 요구했다. 그래서 나는 홍역으로 진단을 내린 이유와 두 병원에서 사용한 진단 키트의 차이점과 왜 결과가 다를 수밖에 없는지를 A4 4장 분량으로 작성해 제

출했고 이를 입증할 외국 논문도 첨부했다.

그 내용은, 개홍역 바이러스는 초기 혈액에 출현하다 중기가 되면 상피세포, 즉 콧물, 눈물, 눈꼽 등 점막 분비물에, 그리고 후기가 되면 조직에서 검출되는 특성이 있다는 점을 설명했다. 그런데 우리 병원에서 사용한 진단 키트는 홍역 초기에 혈액에서 바이러스가 검출되는 방식으로 특허를 받았고 분양업자의 협찬 병원에서 검사한 키트는 중기 이후에 바이러스가 검출되는 방식으로 특허를 받은 점이 차이가 있음을 지적했다. 결과적으로 별이가 홍역에 걸려 키트 검사를 한 시기가 초기였기 때문에 우리 병원에서는 양성 반응이, 다른 병원에서는 음성 반응이 나왔음을 제시했다.

키트별로 다른 진단 결과를 나타낼 경우에 대해 서울대학교 부속 동물병원 임상병리학과 교수의 의견을 제시한 "키트에서 상호 상반된 반응이 나타낼 때는 양성 반응을 우선해 고려해야 한다"는 소견서도 첨부했다.

아마도 별이가 우리 병원에 왔던 때가 홍역 초기였던 것 같다. 이러한 논거가 참작이 되었는지 판사는 분양업자에게 분양 대금과 진료비 전액을 별이 주인에게 보상하라는 원고 일부 승소 판결을 내렸다.

그러나 승소의 기쁨도 잠시. 분양업자가 사무실을 폐쇄하고 도망가는 바람에 단지네는 아무런 보상도 받지 못하고 말았다. 단돈 23만원 때문에.

민사소송은 강제성이 없다는 한계를 가지고 있다. 민사소송의 경우 소송에서 진 측이 당연히 피해 보상을 해야 한다. 그러나 이를 이행하지 않을 시 강제할 방법이 없다. 단지 법원에서 해주는 것이라고는 집달리를 파견시켜서 배상 책임자의 재산에 압류 딱지를 붙여주는 것이 전부이다. 그것도 분양업자의 재산이 강아지밖에 없을 경우에는 살아 있는 강아지에게 빨간 딱지를 붙이는 웃지 못할 상황이 벌어진다. 소비자가 사전에 분양업자의 재산을 파악해 가압류를 하기 전에는 실제로 할 수 있는 일이 없다. 그러니 23만원을 받자고 직장인이 생업을 포기하고 분양업자를 잡으러 다닐 수도 없으니 참으로 답답할 노릇이다.

사실 재판에서 이긴다 한들 죽은 별이가 다시 살아 돌아오는 것도 아니고 마음 편히 보상을 받는 것도 아니어서 강아지를 분양받은 소비자들만 피해를 보게 된다. 이런 부분에 대한 제도적 장치가 마련되지 못하고 있는 현실이 안타깝기만 하다.

이러한 일이 빈번히 일어나는 이유는 강아지 분양업체를 허가해주는 기준이 너무 형식적이고 허가 이후 감독도 소홀하기 때문이다. 소비자가 건강한 동물을 분양받을 수 있는 정책이 마련되어야 한다. 그리고 분양받은 이후에 질병으로 추가 비용이 들거나 죽는 경우에는 합당한 보상이 이루어져야 한다.

애완동물 관련 소비자 피해보상 기준

1. 구입 후 15일 이내 동물이 폐사시 판매 시점 전에 질병이 있었다고 유추하여 동종의 동물로 교환하거나 구입비를 환급해준다.(단, 소비자의 주된 과실로 인하여 피해가 발생한 경우에는 배상을 요구할 수 없다.)
2. 구입 후 15일 이내 질병 발생시에는 판매업소의 책임 아래 질병을 치료하여 소비자에게 인도한다.

털이 빠진다고 제모제를 피부에?

어느 날 저녁 한 젊은 여성이 울면서 내원했다. 강아지가 안 보여서 한참을 쳐다보고 있는데 가방에서 미니어처 핀셔 한 마리를 꺼낸다. '단비'라는 단모종 암놈이었다. 털이 짧은 단모종은 털이 긴 장모종에 비해 털이 많이 빠진다.

단비의 피부는 3분의 2 정도가 털이 빠져 허옇게 드러나 있었고 그 부위로 붉은 종기가 솟아 있었다. 일주일 전부터 갑자기 털이 많이 빠지기 시작했다고 한다. 평소에 남편이 강아지 털이 빠지는 것을 몹시 싫어했는데 급기야 단비 엄마가 직장에 간 사이 강아지에게 제모제를 발라준 것 같다고 했다. 제모제를 발라 강아지의 털을 모두 없애버리려 했다는 것이다. 단비 엄마는 퇴근해서 집에 돌아와 뭔가 이상한 낌새를 느꼈다. 얼른 강아지를 목욕시키고 드라이기로 말렸는데 점차 온몸에 빨간 종기가 올라왔다고 한다.

단비 엄마는 창피하고 속상하다며 울기만 했다. 나는 단비 엄마를 위로하며 한참을 달랬고 단비의 피부병 치료도 해주었다. 빨간 종기가 올라온 피부를 입으로 핥지 못하게 엘리자베스 칼라(넥 칼라)도 씌워주었다. 강아지들은 가렵거나 자극이 있으면 무조건 핥는 습성이 있기 때문이다.

1주일 후 다시 내원한 단비의 피부병은 많이 좋아졌고 피부의 붉은 종기도 거의 다 가라앉아 있었다. 그러나 제모제를 발라 털이 빠진 부위는 아직 털이 나지 않은 채 그대로였다. 털이 다시 나려면 오랜 시간이 걸린다. 그래서 단비는 더운 여름에도 다리까지 오는 옷을 입고 외출해야 했다. 제모제의 효능이 얼마나 좋았던지 그 약이 닿았던 부분은 머리를 밀어서 파르스름해진 스님의 머리를 연상시켰다.

여름이 되면 특히 강아지 피부병에 신경써야 한다. 강아지를 목욕시킨 뒤 따뜻한 드라이기로 잘 말려주어야 피부에 있는 세균이나 곰팡이균의 증식을 막을 수 있다. 그런데 날씨는 덥고 힘드니까 대충 말려주게 된다. 더구나 귀찮다고 자연 건조라는 미명하에 그대로 방치하게 되면 피부병이 생기기 십상이다.

곰팡이균은 습기를 좋아한다. 피부에 곰팡이균이 증식하게 되면 비듬과 탈모 증상이 나타난다. 비듬과 탈모가 생기면 강아지들이 가려워서 긁을 뿐 아니라 그 부위를 맨살로 만진 사람에게도 그대로 피부병이 옮겨진다. 곰팡이성 피부염은 간단치 않고 치료 기간도 오래 걸린다. 피부병이 생겼다고 판단되면 빨리 병원에 가서 치료를 해야 한다. 그런데 털이 빠지는 문제만을 해결하려고 제모제를 발라주어 아예 털을 없애버리려 했다는 발상 자체가 참으로 어이없고 놀라울 뿐이다.

동물학계에서는 개에서 털이 빠지는 문제를 해결하려는 움직임이 있다. 그 결과가 유전자 변이를 거듭해서 만든 털 없는 개, 곧 '누드개'의 탄생이다. 돌연변이종 차이니스 크레스티드가 바로 털 없는 개이다. 그러나 이 종은 완전한 누드개는 아니다. 몸에는 털이 없으나 얼굴과 발에는 털이 남아 있다. 또한 이 종은 유전적으로 번식도 어렵고 더위와 추위에 취약하며 이빨과 발가락 장애도 가지고 있다. 연구는 계속되고 있지만 아직까지는 유전적으로 털을 완전히 없애지는 못하고 있다.

거의 모든 개들은 털을 가지고 있다. 강아지를 입양하고자 할 때 좀 더 알아보고 신중하게 입양을 시도해야 한다. 강아지의 털을 감당할 수 있는지, 강아지 털로 인해 가족들이 알러지 같은 질병이 유발되지는 않는지, 강아지를 목욕시키고 관리할 수 있는지, 털을 잘못 관리하면 피부병이 생길 수도 있는데 경제적으로 피부병 치료를 위한 진료 비용을 감당할 수 있는지 등을 고려해야 한다.

독일에는 '반려인 자격 면허 시험' 제도가 있다고 한다. 우리나라도 이런 제도를 도입할 필요가 있다. 이런 과정을 통해 강아지에 대해 알고 강아지를 입양할 수 있는 조건이 되는지를 사전에 점검하면 입양 후에 부딪히게 되는 시행착오를 줄일 수 있다. 강아지를 입양할 때에는 강아지 특성 알기, 사람과 같이 살기 위한 강아지의 일상적인 훈련 방법, 그리고 동물보호법 등을 최소한이라도 사전에 교육을 해주는 프로그

램이 있었으면 한다. 인간과 동물의 공존은 그냥 얻어지는 것이 아니고 노력해야 될 과제이기 때문이다.

반려인 자격 체크리스트

① 반려동물을 오랜 시간 혼자두지 않을 수 있는가
② 치료비 등 반려동물 양육 비용을 감당할 수 있는가
③ 털 빠짐 등 불편함을 감수할 수 있는가
④ 가족과 함께 지내는 경우 가족 구성원의 동의가 있는가
⑤ 15년 이상 함께할 수 있는가
⑥ 키우기 적합한 상황과 주거 환경을 갖추고 있는가
⑦ 가족 구성원 중 털 알레르기 등 건강 문제는 없는가
(출처: 법제처 블로그)

오토바이 사고로 실명한 '뽀야'

이제 아이스커피가 스산하게 느껴지는 가을이 왔다. 그동안 동물병원에는 각종 사건 사고가 많아서 정신없는 나날이 지나갔다. 그중 한 사건이 지난 월요일 밤에 일어났다. 우리 병원에서 조금 떨어진 곳에 넓은 호수공원이 있다. 반려견과 함께 오래 산책하고 싶을 때 동네 주민들이 즐겨 찾는 공원이다.

뽀야 언니는 가슴줄을 착용한 뽀야를 데리고 휴지와 배변 비닐봉지를 들고 그 호수공원으로 매일 산책을 간다. 뽀야는 3살 된 시추 암놈으로 몸무게는 4.5kg인데 시추 치고는 작은 편에 속했다. 눈이 유난히 예뻐서 주인이 항상 '예쁜 눈의 공주'라고 부르곤 했다. 아들과 딸을 포함해 네 식구가 모두 뽀야를 무척 예뻐했다.

그날도 뽀야는 주인과 공원을 산책하고 아파트로 돌아오던 길이었다. 횡단보도에서 보행 신호를 기다리던 뽀야와 언니는 때마침 인도로 질주하던 자장면 배달 오토바이의 공격을 받았다. 오토바이 바퀴에 개줄이 걸리면서 오토바이가 쓰러졌고 뽀야는 앞바퀴에 왼쪽 눈을 부딪혔다. 뽀야가 병원에 실려 왔을 땐 눈두덩이는 부어올랐고 얼굴은 피투성이였다. 뽀야 언니는 오는 내내 울어서 눈이 부은 채였는데, 뽀야의 눈이 빠진 줄 알고 "눈을 빨리 집어넣어야 한다"는 말을 되뇌면서 오토바이 주인과 함께 병원으로 들어섰다.

뽀야의 왼쪽 눈은 오토바이 바퀴와의 충돌로 혈관이 터져서 피로 물들었고 상안검이 부어올라 밤탱이가 되었다. 이미 동공 반사는 소실된 상태이고 통증이 매우 심한 듯 손도 대지 못하게 했다. 다행히 다른 곳은 이상이 없었고 머리 엑스레이 촬영 결과에서도 뇌출혈은 없는 것으로 진단되었다. 주사 처치 후 뽀야를 입원실에 입원시켰다.

처치실로 나오니 뽀야의 치료비를 두고 실랑이가 벌어지고 있었다. 오늘 당장의 치료비와 향후 시력이 회복되지 않고 계속 문제가 발생할 경우 수술비와 입원비, 그리고 후유증에 대한 보상 문제로 뽀야네와 오토바이 주인 간에 논쟁이 오갔다. 대개 이런 경우 사고를 낸 오토바이 운전자가 뺑소니를 치는 경우가 많다. 그래서 뽀야네가 미리 오토바이 주인에게 치료비에 대한 보상 각서를 받으려고 하자 그가 각서에 도장을 찍으려 하지 않았다. 결국 건너편 경찰 지구대에 연락을 해서 경찰관 입회하에 서로 합의를 보기로 했는데 이마저도 무산되었다. 그래서 뽀야네는 오토바이 주인이 일하는 중국집에 연락을 해서 중국집 사장과 해결을 보려고 했다. 중국집 사장은 사고를 낸 오토바이가 ○○화재 보험에 가입되어 있다며 보험 처리를 하자고 했다. 그래서 그렇게 하기로 결론이 났다.

그런데 뽀야네는 예상치 못한 난관을 만났다. 우리나라 법이나 보험약관에는 강아지가 '대물'로 분류되어 있어서 강아지 사고 처리는 재물 손괴에 대한 보상과 동일하게 처리되는 것이다. 생명이 있는 생물인데도 보험약관에서는 물건처럼 취급되다니! 물건이라면 부서졌을 때 새로 사거나 수리를 하면 되지만, 강아지의 눈은 한번 실명되면 다시 재생이 되지 않는다. 뿐만 아니라 잘못하면 애꾸눈으로 평생을 지내야 하는데, 물건이라고 하니 뽀야 언니는 납득하지 못하고 분통을 터뜨렸다.

중국집 사장은 보험 약관에는 개가 물건으로 규정되어 있다는 말만 되풀이하면서 한낱 물건을 가지고 울고불고 한다며 투덜댔다. 뽀야 언니가 "우리 뽀야는 가족이에요! 가족!!"이라고 항변하는데도 이 말을 무시해버린다. 가족이 다치고 실명을 하게 생겼는데 이를 접시 깨진 것처럼 취급하는 중국집 사장과 배달 종업원의 태도를 보면서 대한민국에서 개로 살아가는 것도 참으로 힘들구나 생각했다.

어쨌든 중국집 사장이 가입한 ○○화재 보험사는 사고를 대비해 24시간 전화 상담이 가능했다. 상담원은 사고 당일 밤 11시에도 뽀야의 사고에 대해 성실하고 친절하게 상담을 해주었고 이튿날 바로 보험회사 직원이 우리 병원으로 실사를 나왔다. 담당자는 사고로 다친 뽀야의 눈을 카메라로 찍고 우리 병원에서 발급한 뽀야의 진료비 청구 내역서를 가지고 돌아갔다. 직원이 말하기를 원래 보험 약관에 규정된 대물손

우리 가족으로
명하노라!

괴 보상액의 최고가가 15만원인데, 뽀야의 경우는 실명을 했고 앞으로 추가 수술이나 후유증에 대한 처치가 필요할 것으로 인정되어 강아지 분양가에 준하는 보상을 추가로 해줄 예정이라고 했다. 이렇게 보험이 고마울 수가 없었다.

그 후 뽀야 엄마에게서 들은 얘기로 뽀야네는 수술비와 치료비로 50만원과 후유장애에 대한 보상비 일부를 포함해 어느 정도 보상을 받았다고 한다. 보험회사가 아니었으면 아마 한푼도 보상받지 못했을 것인데 뽀야는 그나마 다행이라고 할 수 있다. 그렇다 하더라도 잃어버린 뽀야의 예쁜 눈과 시력은 다시 찾을 수 없으니 내가 개라면 억울해 미칠 노릇이리라. 뽀야 아빠는 "우리 뽀야 눈이 너무 예뻐서 신이 질투를 하신 것"이라며 안타까워했다.

그런데 이번 사고로 새로운 사실을 알게 되었다. 뽀야네 엄마와 언니가 왼쪽 눈이 작다는 사실이다. 난 그것이 어떤 사고로 인해서 그럴 것이라고 짐작하고 있었는데 유전이라고 한다. 뽀야는 사고 후 한 달 만에 원래의 눈 색깔을 회복했다. 그런데 사고 후유증으로 안구가 위축되어 다른 쪽 눈에 비해 크기가 작아졌다. 시력도 10% 정도만 회복되었지만 생활하는 데는 지장이 없었다.

어느 날 뽀야 엄마가 약을 조제하러 와서 하는 말이 엊저녁 뽀야 언니가 뽀야의 머리에 손을 얹고 “이제야 너를 정식으로 우리 가족으로 명하노라”라고 임명식을 했다고 한다. 뽀야 엄마의 왼쪽 눈은 소안구증으로 모계로만 유전된다고 한다. 그런데 뽀야 언니도 그렇고 뽀야까지도 똑같이 왼쪽 눈이 작아지자 뽀야는 떼려야 뗄 수 없는 진정한 가족이 되었다고 선언한 것이다.

강아지와 주인, 그리고 수의사의 삼각관계

모두의 염려 덕분인지 허리 디스크를 치료받고 있는 해피는 많이 좋아졌다. 이제는 다리도 자유자재로 움직이고 욕창도 많이 좋아져 스스로 돌아눕기도 한다. 그러나 아직 일어서지는 못한다. 며칠 전 해피에게 전기 침을 놓았는데 해피의 힘이 어찌나 좋은지 전기 자극이 가해지자마자 침이 뽑혀져 날아갔다. 결국 전기 침은 놓지 못하고 오늘부터는 약침을 놓기 시작했다. 해피 주인은 침의 효과에 매우 감탄하는 것 같았다. 동물에게 침을 놓는다는 사실도 처음 알았다면서 요즘은 침술 효과에 대해 인터넷을 많이 검색해 본다고 한다.

해피의 경우처럼 주인이 수의사를 전적으로 신뢰하고 지

시하는 대로 잘 따라주면 힘은 들어도 치료하기가 편하고 치료 효과도 잘 나타난다. 그런데 그렇지 않은 경우도 있다. 대개는 다른 병원을 2~3군데 돌다가 오는데 진단명도 우리 병원과 전혀 다르다. 강아지는 아프고, 토하고, 기운이 없고, 식구가 들어와도 예전처럼 반기지 않는데 아무 이상이 없다고 한다면 누가 그 진단을 믿겠는가! 결국 주인들은 병원에 대한 불신감만 커지게 되고 심지어 의사의 지시에 따르지 않고 자기가 원하는 대로 하거나 주위에서 귀동냥한 말에 따르려고 한다.

10살 된 암놈 미니어처슈나우저 또또가 그런 경우였다. 며칠 전부터 밥도 안 먹고, 구토하고, 엎드려만 있는데, 다른 병원에서는 늙어서 암에 걸렸을지 모른다고 여러 가지 검사를 제시한 모양이었다. 그러자 주인이 비싼 검사 비용에 놀라서 소화기 치료만 받고 돌아왔다고 한다. 그러나 계속 차도가 없자 또또를 데리고 우리 병원에 온 것이다. 임상 증상을 들어보니 의심되는 질병이 있어서 또또가 생리는 언제 했는지, 그리고 혈액양은 많았는지를 집중적으로 물었다. 중성화 수술을 안 한 강아지가 나이를 먹게 되면 자궁이나 난소에 문제가 생기기 때문이다. 강아지들은 사람과 달리 폐경이 없어서 호르몬 이상도 변수가 된다. 다른 종에 비해 상상임신도 많고 난소 낭종을 가진 경우도 상당히 많다.

생리 주기도 처음에는 6개월이었다가 2~3년으로 길어지게 된다. 불규칙한 생리 주기 때문에 강아지들은 몇 년에 한 번 생리를 하게 되고 생리가 끝난 후 자궁에 나쁜 세균이 감염되는 소위 '자궁축농증'에 걸리는 경우가 많다. 그래서 고령이고 중성화 수술을 안한 암놈이 생리가 끝난 지 한 달에서 두 달이 지난 경우에는 반드시 자궁 검사를 하는 것이 필요하다.

그런데 또또 주인은 왜 생뚱맞게 생리를 집요하게 물어보냐는 표정이다. 다른 병원에서 또또가 노견이라는 이유로 암으로 진단 방향을 몰아갔기 때문이다. 또또 주인은 검사 비용을 덜 들이고 치료받기를 원했다. 나는 두 가지의 진단 검사를 또또 주인에게 제안했다. 먼저 자궁 초음파 검사를 하고 자궁에 이상이 없을 시에는 혈액 종합 검사를 하자고. 그런데 복부 초음파 검사에서 바로 자궁축농증이 진단되었다. 결국 난소 · 자궁 절제술 외에는 해결 방법이 없음을 또또 주인에게 전했다. 만약 수술시키지 않으면 점점 증세가 심해져 또또는 패혈증으로 생을 마감해야 한다는 사실도 함께.

혈액 검사는 수술을 위한 마취 전 검사로 결정되었다. 혈액 검사 결과 또또는 심장이 상당히 안 좋은 것으로 나타났지만 다행히 마취약을 해독하고 배출하는 간과 신장의 혈액 검사 수치는 정상이었다. 또또는 유방에도 3개의 종양이 있어서 이도 함께 수술하기로 했다. 또또 주인에게 수술 서약서를 받고 난소와 자궁을 절제하고 유방 종양까지 떼어냈다. 수술하는 동안 심장 부정맥이 약간 있었지만 무사히 마쳤고 1시간 후 또또는 깨어났다.

그런데 다음 날 내원한 또또 주인의 태도가 약간 이상했다. 수술하던 날은 초음파 사진도 보려 하지 않던 사람이 느닷없이 떼어낸 난소와 자궁 조직을 보여 달라는 것이다. 그래서 조직 폐기물 상자에 보관 중이던 조직들을 보여주었다. 이유는 묻지 않았다. 또또 주인도 왜 그랬는지는 말하지 않았다. 아마도 다른 병원과 우리 병원에서의 진단이 다르기 때문에 직접 눈으로 확인하고 싶은 심리였으리라 추측할 뿐이다.

수술한 지 3일째 또또는 퇴원했고 며칠 동안 통원 치료를 하기로 했다. 퇴원하기 전 또또의 수술 부위를 압박붕대로 감아주었다. 원래는 붕대를 하더라도 수술 부위를 핥거나 뜯지 못하게 넥 칼라를 목에 씌워주는데 또또는 그대로 보냈다. 그 다음 날 내원한 또또는 움직임이 심했던지 붕대가 모두 풀어져 있었다. 붕대를 다시 해주어도 소용없을 것 같아서 또또에게 넥 칼라를 무료로 대여해주었다. 또또네가 비용 부담을 호소했기 때문이다.

지금까지의 경험으로 보면 강아지 주인이 수의사를 전적으로 신뢰하며 진료에 응하는 경우는 치료도 더 잘되었고, 고생을 해도 한 생명을 살렸다는 보람으로 견뎌냈다. 그러나 주인과 갈등이 있는 경우에는 치료도 잘되지 않을 뿐더러 예기치 못한 불상사가 생기곤 했었다. 그래서 그런 경우에는 정중하게 다른 병원으로 옮길 것을 권유하기도 하고 여의치 않을 경우 2차 진료기관인 대학부속 동물병원으로 진료 의뢰를 한 적도 있다.

어떤 경영학자는 한 사람의 고객을 대할 때 그 한 사람이 33명의 고객을 불러온다고 생각하고 응대하면, 그 33명은 333명의 고객을 불러온다고 역설한다. 결국 한 사람의 고객을 잃을 때는 333명의 고객을 잃는다고도 했다. 그렇지만 내가 인격이 덜 갖추어져서인지 몰라도 333명의 고객을 잃을지언정 내가 세운 진료 원칙을 훼손하면서까지 고객을 얻고 싶지는 않다. 아직 배부른 소리인지는 모르겠지만.

이후 또또는 수술 부위가 잘 아물어서 10일 후에 봉합사를 풀었다. 참으로 다행이다. 석연치 않은 또또 주인의 태도 때문에 걱정과 우려를 많이 했었는데 잘 마무리가 되어서. 또또야, 다신 아프지 말고 잘 자라렴.

곰팡이 사료 사건

2005년 새해 벽두부터 '페○○○' 사료 사건이 TV 뉴스를 장식했다. 뉴스에서 밝혀진 충격적인 사실은 미국의 유명한 사료회사인 페○○○ 사의 사료를 먹은 강아지들이 구토가 주증상인 급성신부전으로 죽어가고 있다는 내용이었다. 이 회사가 태국에 하청을 주어 사료를 생산했는데, 사료의 주원료인 옥수수에 곰팡이가 피었는데도 그대로 사용해서 사료를 제조했다는 것과 이 사료가 우리나라에도 수입되었다는 것이다. 주로 대형마트를 통해 유통된 이 사료를 먹은 강아지들이 원인 모를 구토로 먹지를 못해서 바싹 말라서 죽어가고 있다는 사실이다. 사료에 들어간 곰팡이 독소가 개에서 신장 독성을 일으킨 것으로 알려졌다.

그런데 뉴스에서 이 내용이 소개되기 전까지 강아지들이 구토로 죽어가는 이유가 이 사료 때문이란 사실을 몰랐었다. 우리 동물병원에서도 2005년 초부터 갑자기 급성신부전으로 사망하거나 치료받은 강아지 진료 케이스가 생겨나기 시작했는데 전수 조사를 해보니 몽땅이, 하늘이, 모아, 쿠키 등 여러 마리가 있었다. 그 외 다른 한 마리는 워낙 사료를 잘 먹지 않아서 다행인지 불행인지 장기간 신부전 치료를 받고 있는 중이었다. 사망한 강아지 중 1마리는 부검 결과 신장 결석이 있다는 사실을 진료카드에 기록해 놓았기 때문에 이 기록을 증거로 강아지 주인이 당시 '페○○○ 사망사고 대책을 위한 단체소송'에도 참가했었다.

사건이 알려지자 당시 페○○○ 사는 자사의 사료를 먹고도 생존해 있던 개들에 대해서는 진단비와 치료비 전액, 그리고 사료비 평생 지원을 약속했고 실제로 지원을 했다. 이후 지원을 받던 강아지가 사망할 경우에는 회사가 유족에게 장례비와 피해 보상금까지 지원했었다.

두리를 처음 만났던 것도 이 사건이 일어나기 몇 달 전이었다. 우리 병원에 내원했던 두리는 대형마트의 경품 행사에 참여해 상품으로 페○○○ 사료를 받아서 먹기 시작했다고 한다. 나는 두리가 구토를 자주 하므로 두리 엄마에게 이 사료를 중단하고 건강검진을 받을 것을 권했었다. 그런데 두리 엄마는 많이 먹지 않아서 괜찮다며 내 권고를 받아들이지 않았다.

여러 달이 지나서 두리는 심한 구토로 내원했다. 입에서는 암모니아 냄새가 역하게 나고 극심한 빈혈 상태를 보여 두리를 입원시켰다. 혈액 검사 결과 신부전 말기로 진단되었다. 한번 망가진 신장은 회복되는 일이 거의 없다. 또한 신부전 말기가 되면 신장 기능 저하로 인해 암모니아가 체외로 배설되지 못하고 신체에 축적되므로 다른 장기까지 손상된다. 구내염 증상을 보이면 입 안이 헐고 음식을 먹기도 힘들어진다. 더 진행되면 뇌손상뿐 아니라 발작 증세까지 보인다.

늦었지만 다행히도 두리 엄마가 경품으로 받은 페○○○ 사료의 구매 영수증을 가지고 있었다. 나는 어렵게 페○○○ 사와 협상을 했고 그 결과 두리는 진단 검사비와 치료비 전액을 보상받을 수 있었다. 두리 엄마의 정성도 정말로 극진했다. 그러나 두리는 엄마의 지극한 간호에도 불구하고 6개월을 투병하다 어느 새벽, 자신이 태어난 생일에 쓸쓸히 하늘나라로 떠나갔다.

6개월 동안 두리 엄마는 온 정성을 다해 죽을 만들어 두리에게 먹였고 두리는 입원과 퇴원을 반복하면서 버텨나갔다. 질소혈증을 완화시키기 위해 앞다리와 뒷다리에 3일 걸러 수액을 꽂아서 네 다리에는 성한 혈관이 거의 없을 정도였다. 더 이상 혈관주사를 꽂을 곳이 없자 마지막에는 목에 있는 경정맥에도 꽂았다. 지금도 두리 엄마는 두리의 유골함과 유품을 집에 간직하고 있다. 나는 두리 엄마에게 두리를 잊기 위해서라도 다른 강아지를 키울 것을 권유했다.

이후 두리 엄마는 몇 번의 강아지 입양을 시도했으나 실패했다. 그러다가 어느 해 여름, 개홍역에 걸려 상자에 담겨 버려졌던 말티즈 수놈 '제리'가 홍역을 이겨내고 살아나자 두리 엄마가 입양해서 지금까지 잘 키우고 있다. 제리는 두리와는 성격이 완전히 달랐고 다소 이기적이지만 영리했다. 그러나 온가족이 제리를 사랑하고 있다. 두리 엄마는 이제는 제리 엄마가 되었지만 여전히 아파트 주변의 불쌍한 길고양이들까지 돌보면서 이들의 지킴이 역할도 하고 있다.

그 당시 우리 병원에 내원해서 페○○○ 사료를 먹고 신부전 판정을 받은 강아지는 두리를 포함해 총 6마리였다. 페○○○ 사는 이들 강아지에 대한 병원비 전액 보상과 사료비 지원, 그리고 사후 장례비용과 피해 보상금까지 보상을 했다. 전국적으로 시행된 이 거대한 지원사업은 다국적 기업이었기에 가능했었다.

그럼에도 불구하고 우리나라에서 페○○○ 라는 상표는 한동안 소비자들에게 외면을 받았다. 한번 깨진 신뢰를 회복하려면 엄청나게 많은 시간이 필요하다는 교훈을 남긴 사건이었다.

강아지에게 독성을 일으키는 음식

초콜릿, 양파, 자일리톨, 견과류, 아보카도, 포도와 건포도는 주로 구토와 침 흘림, 발작, 심하면 호흡곤란을 일으킨다. 특히 양파는 적혈구를 파괴해서 빈혈을, 견과류는 급성 간부전을, 포도는 급성 신부전을 유발한다. 곰팡이 독소는 급 · 만성 신부전을 일으킨다.

제3장

동물의 자연치료제

봉침과 봉독으로 강아지 치료를?

하루 종일 굵은 장맛비가 쏟아지고 있다. 비가 오면 동물 병원은 매우 한가해진다. 개나 고양이를 데리고 움직이기가 번거롭기 때문이다.

어제는 동물침구학 강좌가 있어서 대전 유성에 있는 충남 대학교에 갔었다. 수의침구학 1년 과정 중 이제 3분의 2 과정이 끝나간다. '봉침과 봉독'에 관한 강좌였다. 재미있는 것은 벌과 돼지는 궁합이 잘 맞아서 양돈에서 봉침을 이용해 치료를 한다는 내용이었다. 항생제를 쓰지 않고 사육을 하는 농장들이 소개되었다. 충북에서 '웃는 돼지'라는 상표가 붙은 돼지고기가 항생제를 쓰지 않고 생산된 축산물이라고 한다.

우리 입맛이 항생제가 많이 들어간 식육에 길들여져 있어 처음에는 맛이 조금 이상하다고 느껴지나 이 고기 맛을 본 이후에는 다른 고기를 먹지 못한다고 한다. 문제는 항생제를 안 썼다는 것을 소비자들에게 증명해보일 수가 없다는 것이 난제라고 한다.

오늘도 우리의 식탁에는 항생제가 잔류되어 있는 식육들이 오르고 있다. 이로 인한 피해는 제대로 보고되지 않아서 알 수가 없지만, 조금만 둘러보면 우리 주변에 널려 있다. 항생제가 잘 듣지 않는 슈퍼박테리아 질병이 속출하고 희귀 질병이 나타나고 기형아 출산이 증가하는 것이 바로 이런 증례에 해당된다.

봉침과 봉독을 이용한 치료 증례들을 듣고 실습을 하면서 새로운 분야를 접하고 있다. 벌들은 항상 부지런히 꿀을 모으기 위해 일을 하는데, 그 집단에서도 20%만이 열심히 일을 해서 나머지 80%를 먹여 살린다고 한다. 그런데 그 열심히 일한 벌 중 20%를 선별해서 따로 분리해 놓으면, 그중에서 또다시 20%만이 일을 하고 나머지 80%는 그 20%가 생산한 것을 가지고 살아간다는 것이다. 마치 인간 사회와 비슷한 듯하다.

벌을 잡아서 봉침을 직접 놓을 때 놓고자 하는 경혈에 스치기만 하면 침(봉침이 항문에서 나오는 줄 처음 알았다)을 쏘는데 침이 스스로 움직여 살 속으로 들어간다. 봉침을 놓기 전에는 반드시 알러지 테스트를 해야 하는데 내 몸에 직접 실험을 해보니 곧바로 반응이 일어난다. 침을 놓은 부위의 피부가 금방 발갛게 부어오르고 가려웠다. 봉침은 주로 관절염, 피부농양, 세균성 설사, 디스크 등 질병에 적용되고 있다. 그런데 봉침은 쇼크 등 부작용도 있어서 요즈음은 봉독을 많이 사용하는데 거의 100% 수입품이라 가격이 비싼 게 흠이라서 현재 국내 생산을 연구 중이라고 한다. 물론 봉독은 한방치료에서도 많이 사용하고 있다. 벌을 이용한 봉침이 저렴해서 좋지만 요즘은 벌을 구하기가 쉽지 않다고 한다.

한 제약회사에서 생산되는 봉독은 사용도 간편하고 부작용도 거의 없어서 나는 이 봉독을 강아지 치료에 많이 적용하고 있다. 실제 다른 병원에서 1년간 치료해서 고치지 못했던 염증을 봉독 2회 적용으로 완치해 명의(?)란 소리를 듣는 민망한 일도 있고, 디스크 질환으로 뒷다리 마비 증상을 보이는 강아지를 한 달간 봉독으로 치료해서 거의 정상에 가깝게 회복된 사례도 있었다. 조금만 관심을 기울이면 세상에 연구해볼 만한 것들이 매우 많다.

뒷다리 마비를 이겨낸 '해피'의 투병기

부개동이라는 동네는 우리 동물병원에서는 전철로 한 정거장 거리이지만 인천광역시에 속하는 동네다. 부천과는 거리상으로 가깝지만 택시를 타면 시외 추가 요금이 붙는, 가깝고도 먼 거리다. 우리 병원 손님들 중 적지 않은 수가 이곳 부개동에 살고 있는데 강아지를 데리고 병원까지 걸어오기에는 조금 힘든 거리이다.

부개동에 사는 해피는 몸무게 14kg의 수놈으로 연한 갈색의 아메리카 코커스패니얼이다. 이 녀석이 지난 늦여름 저녁, 소파에 올라가려다 미끄러졌다. 주인 말에 의하면 '깽!'하는 소리를 지르고 떨어졌다고 한다. 며칠 동안은 그런 대로 걸어도 다니고 밥도 먹었는데 갑자기 전날 밤부터 다리에 힘이 빠진 듯 다리가 꼬이기 시작했다는 것. 해피는 고통스러운지 밤새 소리를 질렀고 아침에는 아예 일어서지를 못했다. 해피네 집 근처 동물병원에 갔더니 해피의 덩치가 너무 커서 그 병원에 있는 엑스레이 기계로는 용량이 초과되어 촬영할 수가 없다고 해서 우리 병원으로 왔다.

해피는 두 번이나 파양되었다가 지금의 주인에게 와서 정착을 했다고 한다. 이전 주인에게 많이 맞았는지 사람에 대한 경계심이 커서 지금도 자기 마음에 들지 않으면 주인도 문다고 했다. 그날도 주인은 해피에게 손가락을 물려서 퉁퉁 부은 채 내원했었다.

해피의 상태는 심각했다. 완전히 두 다리가 마비되어서 쭉 뻗었고 뒷다리의 발가락 사이를 포셉으로 찔러도 아무 감각이 없었다. 오줌도 똥도 싸지 못했고 통증이 심하니까 자기를 만지려는 사람을 무조건 물려고만 했다. 입마개를 씌우고 엑스레이 촬영을 하니 요추 4번과 5번에 디스크 증상이 나타났다. 지금까지 치료해왔던 다른 동물보다 감각이 너무 없어서 훨씬 상태가 심각했다. 2차 진료기관인 서울대 동물병원으로 진료를 옮길 것을 권유했지만 해피 주인은 거부하며 수술이 아닌 방법으로 치료해 주기를 원했다. 결국 해피 주인의 요구대로 약물과 한방치료인 침술로 해피를 치료하기로 했다.

해피는 몸집이 큰 데다 거동까지 불편해서 입원실에서 꺼내고 들여놓기가 여간 힘이 드는 것이 아니었다. 게다가 물기까지 했다. 내가 주사도 놓고 침도 놓으니 나를 보면 잡아먹을 듯이 달려든다. 약물치료와 동시에 침 치료도 병행했다.

이틀이 지나자 해피의 뒷다리에 감각이 조금씩 생기면서 오줌을 누기 시작했고, 저녁에는 그간 싸지 못했던 똥을 입원실 바닥에 모두 싸서 뭉개버렸다. 해피를 안고 물로 똥을 닦이는 일도 혼자서는 하기가 힘들었다. 그러나 똥을 싸고 뭉개는 일이 며칠간 계속 반복되었다.

해피의 뒷다리 신경 감각이 되살아나도록 처음 5일간은 하루에 두 번씩 미친 듯이 침을 놓았다. 그러나 거구인 해피가 생활하기에는 병원 입원실이 비좁았고 같은 자세로 오래 있게 되자 해피의 엉덩이 부위에 욕창이 생기기 시작했다. 고

심 끝에 일단 해피를 퇴원시키기로 했다.

처음 일주일은 이틀에 한 번 왕진을 갔고 그 이후로는 3일에 한 번씩 해피네로 가서 침을 놔주었다. 가족들 역시 해피를 병원으로 데려오는 일이 여간 힘든 게 아니었기 때문이다. 거구인 해피를 성인 2명이 연립주택 3층에서 1층으로 들고 내려와야 했고 택시를 타고 이동해야 하는데 택시기사들이 승차를 꺼려했기 때문이다. 왕진을 다닌 지 2주일이 지나면서 점차 해피의 뒷다리 감각이 돌아오기 시작했다.

그러나 해피는 아직 일어서지는 못한다. 엉덩이 욕창은 좋아지고 있었지만 오줌이 묻은 뒷다리에 새로 욕창이 생겼다. 지난한 투병 생활이다. 그래도 주인이 치료 의지가 있으니 그나마 다행이다. 밤에도 해피네 식구들은 번갈아가면서 두 시간에 한 번씩 깨어 해피의 수면 자세를 바꿔준다고 했다. 지금은 1주일에 한 번 해피를 병원에 데려와서 침을 맞게 하고 있고 내가 1주일에 한두 번 왕진을 가서 침과 봉독을 놔주고 온다.

이번 주부터는 전기 침을 놓을 예정이다. 허리 쪽에는 건침이 반응이 약한 것 같아서 전기로 강한 자극을 주려고 한다. 이전에 다른 치료 증례로는 석 달을 치료했다는 기록도 있었다. 그러나 봉독을 함께 쓰니까 치료 기간이 당겨질 것으로 예상하고 있다.

해피를 치료하다 내 허리에도 무리가 왔다. 며칠간 아프더니 급기야 작년에 교통사고로 다쳤던 왼쪽 다리의 무릎에 하중이 실려서인지 걷기조차 힘들었다. 나는 같은 건물 2층에 있는 한의원에 가서 다리에 침을 맞았고 한의원 원장님과 동물 침 치료에 대해 이런저런 얘기를 나누었다. 해피를 치료하고 있는 내 경험을 얘기했더니 한의원 원장님은 매우 관심을 보이면서 사람에서는 동물의 경우와 같이 그렇게 빨리 치료 효과가 나타나지 않는다고 하면서 신기해했다. 그는 사람은 머릿속이 복잡해서 치료가 그대로 다 반영되지 않는데, 아마도 동물은 단순해서인지 치료가 잘되는 것 같다고 했다.

이 말을 들으면서 나도 공감을 했다. 치료를 하는 동안 동물과 주인, 그리고 수의사인 내가 한마음일 때 치료 효과가 잘 나타났다. 주인의 치료 의지, 동물의 100% 순응 자세, 그리고 치료하는 사람의 믿음이 삼위일체가 될 때 좋은 치료 반응을 보였던 증례를 충분히 경험하고 있다.

그동안 한방 치료로 효과가 좋은 경우를 여러 번 경험했다. 감기 끝에 마른기침이 떨어지지를 않아서 식구들이 3일간 잠을 설친 '미남이'가 그 증례이다. 내가 '폐수'라는 혈자리에 뜸을 석 장 떠주었더니 뜸이 3분의 1가량 타들어 갔을 때 미남이의 코에서 콧물이 줄줄 흘러나왔다. 미남이는 그날 저녁 이후로 기침이 딱 멎었다. 아마도 미남이 몸에서 한기가 빠져나온 것 같았다. 다음 날 미남이 엄마는 뛸 듯이 기뻐하면서 포도를 한 박스 사들고 와서 고마움을 전했고 뜸 치료 효과에 대해 너무나 신기해했다.

그 외 다른 여섯 케이스의 디스크 질환도 모두 양방 약물에는 반응이 없었지만 침 치료로 증세가 호전되어 지금은 모두 생활하는 데 지장이 없을 정도로 회복되었다. 방광무력증으로 오줌을 못 누는 경우도 뜸으로 치료 효과를 본 사례였다.

해피의 경우 과연 일어설 수가 있을까? 동일한 사례가 없어서 장담을 할 수가 없었다. 그러나 진행 경과로 봐서는 예후가 나쁘지 않아 희망을 갖고 치료했다. 일단 신경 감각은

다 살아났으니 희망적이라고 할 수 있다. “할 수 있는 모든 것에 최선을 다하자. 그리고 결과를 기다리자”라는 마음을 다졌다. 하루라도 빨리 해피가 일어서서 정상적인 생활을 할 수 있기를 기원하며 치료에 임했다.

한 달이 지나자 해피는 드디어 서너 발자국씩 걷기 시작했다. 해피 주인이 매일 뒷다리 마사지와 운동을 해주자 뒷다리에 미는 힘이 생기기 시작한 것이다.

그 후 해피는 한달 보름 만에 주인과 함께 부개동에서 우리 병원까지 걸어서 왔다. 50분쯤 걸리는 만만치 않은 거리다. 그날 해피는 가슴줄을 착용한 채 주인과 함께 병원 문을 열고 들어서서 성큼성큼 내게로 걸어왔다. 그런 해피를 보고 얼마나 놀라고 가슴이 벅찼던지! 그날의 감동은 지금도 생생하다.

해피야 고맙다! 건강하게 오래오래 주인과 함께 잘살아라!

댕댕이의 혈자리

허리디스크 혈자리는 기해수(BL24), 대장수(BL25), 천평(GV5-1), 환도(GB30), 족삼리(ST36), 양릉천(GB34)이에요.

'슈가요법'으로 재생된 피부

어느 날 저녁 여중생 2명이 상자 하나를 들고 왔다. 상자 안에는 심하게 다친 강아지 한 마리가 들어 있었다. 수업이 끝나고 집으로 가던 중 도로변 한편에 꼼짝 않고 엎어져 있는 강아지를 발견했다고 한다. 차에 부딪힌 듯했는데 언제 사고가 났는지 알 수 없지만 온몸이 흙과 피로 범벅이 되어 있어 그냥 지나칠 수가 없어서 박스와 신문지를 구해서 무작정 우리 병원으로 데려왔다는 것이다. 그 과정에서 강아지에게 손가락을 물리기까지 했다. 그 중 한 학생은 우리 병원 손님이었다.

강아지를 꺼내어 전신을 살피니 다행히 뼈는 골절되지 않았는데 한쪽 뒷다리가 차에 심하게 긁혀서 피부 근육이 왕창 떨어져나가 뼈가 드러나 있었다. 거기다가 온몸은 출혈 때문에 피로 얼룩져 있었고 곳곳에는 피딱지가 굳어 있었다. 우선 생리 식염수로 전신을 세척하고 괴사 조직을 정리한 뒤에 치료를 시작했다. 뼈가 드러난 부위의 살이 다시 재생되는 데는 한달 정도의 시간이 필요하다는 진단이 나왔다.

그런데 학생들 입장에서는 한 달간 통원 치료를 하기도 벅찼고 비용도 만만치 않은 것이 사실이다. 한 학생의 부모와 연락이 닿아서 사정을 설명하고 치료 기간과 치료비용을 알려주고, 치료를 할 것인지 여부를 물어보았다. 다행히 그 학생의 부모가 보증을 설 테니 치료를 해달라고 해서 중간 중간에 치료비 정산을 받기로 하고 치료에 들어갔다. 학생들이라 통원 치료도 힘들다고 해서 결국 한 달간 우리 병원에 입원시켜서 치료하기로 했다.

사실 당시에는 이 약속이 허망한 약속일 수도 있다고 생각했다. 그러나 어쩌겠는가. 누군가 치료를 하지 않으면 그 불쌍한 강아지('노숙이'라는 이름을 붙여주었다)는 버려질 수밖에 없는 상황인데. 역시나 한 달 뒤 그 학생의 엄마는 노숙이의 치료비와 입원비 부담에 난색을 표했고 결국 한푼도 받지 못했다. 다만 노숙이를 그 학생 집으로 입양시키는 데 만족해야 했다.

노숙이의 치료 초기에는 괴사된 피부 조직에 매일 매일 드레싱과 항생제 처치를 해주었다. 그러나 달아난 피부 조직이 다시 재생되려면 시간이 많이 걸리고 비용 부담도 만만치 않다. 또한 오랜 기간 항생제 처치도 부담스러워서 여기저기 자료를 찾던 중에 '슈가요법(Sugar therapy, 설탕치료법)'에 관심을 갖게 되었다. 다른 동물병원에서도 이 치료법으로 좋은 효과를 보고 있어서 그 병원 원장님의 조언을 듣고 이 방법을 노숙이에게 적용하기로 했다.

슈가요법은 염증이 있을 때 그 부위에 설탕을 적용하면 염증 분비물을 모두 흡수하고 영양분을 제공해 새살이 돋아나게 해주는 데 탁월한 효과가 있는 것으로 알려져 있다. 설탕가루를 그대로 뿌려서 적용하기도 하고 설탕으로 고농도의 시럽을 만들어 적용하기도 한다. 어느 경우든 효과가 좋았다. 노숙이에게는 시럽을 만들어 적용했는데 만족할 만한 효과를 보았다.

지금도 나는 슈가요법을 치료에 종종 응용하곤 한다. 특히 공원에 서식하는 까치나 야생조류, 그리고 길고양이의 경우 상처로 인한 염증이 생겼거나 피부조직이 괴사되어 장기간의 치료가 필요할 때 적용하면 정말 놀라운 효과를 보였다. 최근에는 '허니요법(honey therapy)'이라고 해서 꿀을 직접 사용하는 치료법을 사용하기도 한다. 슈가요법보다 비용은 더 들지만 효과가 더 좋았다. 최근에 범백혈구 감소증이라는 치명적인 전염병을 앓고 난 새끼 고양이 '샤나'가 면역력이 떨어져 피부가 짓무르자 여기에 허니요법을 적용해 효과를 본 적이 있다. 꿀이 진물을 흡수하고 새살을 돋게 해주어 아주 깨끗하게 치료가 되었다.

꿀이나 설탕도 훌륭한 자연 치료제이다. 특히 염증 분비물이 많을 때 적용하면 정말 놀라운 효과를 경험할 수 있다. 특히 면역이 약해서 항생제를 오래 적용하기가 어려운 어린 동물들에게는 더 좋은 염증 치료제이다.

제4장

유기견 가족

유기견 가족의 탄생

사람들의 일상에서 매일매일 사건 사고가 끊이지 않듯이 동물병원에서도 다르지 않다. 동물들도 희로애락을 느끼고 자신의 감정을 사람에게 전달하곤 한다. 아무리 동물보호법이 있다 해도 강아지들의 입양과 파양이 거듭되며, 심지어 버리지는 일이 반복된다. 우리 동물병원도 예외가 아니어서 강아지가 마지막으로 보내지는 최후의 보루가 되어버렸다. 우리 병원에서 함께 생활하는 유기견들은 더 이상 다른 가정으로 입양되지 못하는, 늙거나 병든 불쌍한 강아지들이다. 그러나 이들 모두 사랑스럽고 소중한 우리의 가족이다. 이들의 이야기를 소개한다.

'봉남이'라는 푸들 수놈이 있었다. 봉남이는 손님이 데려온 개로 재래시장에서 떠돌아다니던 유기견이었다. 나이는 8살 정도로 사람 나이로는 48세쯤 된다. 처음에는 너무 사나워서 나도 물리고 미용사도 물렸다. 봉남이는 애정 결핍에다 집을 나온 지가 오래되어 이 사람 저 사람에게 발로 걷어차이고 빗자루로 맞고 다녔던 것 같다. 그래서 건장한 남자나 몽둥이를 든 사람만 보면 이성을 잃고 짖어댔고 죽을힘을 다해 공격했다. 나는 그에게 앙드레 김의 본명을 따서 봉남이라는 정겨운 이름을 붙여주었다.

이름 때문이었을까? 사납던 봉남이는 점차 사랑스런 개로 변해갔다. 이 과정을 보며 개도 사람과 비슷하다는 생각이 들었다. 내가 많이 안아주고 스킨십 해주고 뽀뽀해 주자 봉남이는 자기 감정을 나타내는 사랑스런 강아지로 재탄생했다. 봉남이는 잘 웃었고 그 웃는 표정이 트레이드 마크가 되었다. 행복할 때 입꼬리가 올라가 마치 입이 귀에 걸린 것 같은 표정을 지었다. 손님들도 봉남이를 보면서 개가 표정이 있다는 사실에 흥미로워했다. 봉남이는 우리 병원에서 '웃는 개'로 통했다.

웃으면
진짜!
복이와요
봉낭이

봉남이는 우리 병원의 상징이고 지킴이였다. 내원하는 손님을 일일이 기억하고 반갑게 맞아주었다. 진료하는 동안 한쪽에서 조용히 기다리다가 손님들로부터 맛있는 간식을 얻어먹는 것이 봉남이의 일상이 되었다. 그렇게 10년을 함께 살던 봉남이는 앙드레 김이 떠나간 그해 가을, 그를 따라 운명처럼 홀연히 떠나갔다. 많은 추억을 남기고.

'쥬디'라는 16살 된 요크셔테리어도 있다. 사람 나이로 치면 80세가 된 할머니 개다. 주인이 유학을 가면서 맡길 곳이 없다고 안락사를 의뢰했다. 백내장으로 두 눈은 안 보이고 귀도 안 들려서 돌아다닐 때는 벽에 막 부딪쳤다. 유방에는 종양 덩어리가 주렁주렁 달려 있었지만 그래도 식욕은 살아 있었다. 아직도 한 2~3년은 너끈히 살 것 같아 차마 안락사를 시킬 수가 없어 가족으로 받아들였다.

또 다른 한 놈은 새벽에 우리 병원 앞에 버려진 8년 된 수놈 요크셔테리어 깐돌이다. 긴 털은 아무렇게나 엉켜 있었고, 이빨에는 치석이 덕지덕지 끼어서 고약한 냄새가 진동을 했다. 게다가 엄청나게 짖어대기까지 했다. 깐돌이는 사연이 적힌 종이 쪽지 한 장, 싸구려 사료 반통과 함께 케이지에 넣어져 나에게 왔다. 쪽지에는 "딸이 개를 키우다 시집을 가게 되었는데 시댁에서는 데려오지 말라고 해서 친정에 두고 갔다"는 것, "자신은 홀아비로 개를 키우려니까 힘들어서 못 키우겠으니 누구라도 잘 키워달라"는 내용이 적혀 있었다. 깐돌이는 처음에 아파트 단지 한가운데에 버려졌는데 3일 낮과 밤을 울부짖었다고 한다. 이를 견디다 못한 동네 주민 몇 분이 작당하여 우리 병원 앞에 가져다 놓았던 것이다.

깐돌이까지 입양을 하면 돌봐야 할 강아지가 너무 많아서 일단 분양을 시도해 보았다. 그러나 깐돌이는 몇 번의 분양 시도에도 번번이 파양되어 돌아왔다. 우리 가족이 될 운명이었던 것 같다. 짖는 것도 문제였지만 깐돌이가 유난히 새 주인에게 너무 집착해서 주인이 감당하지 못했던 것도 파양의 한 원인이었다. 깐돌이를 입양했던 가정들은 모두 강아지나 고양이를 키우는 집이었는데 깐돌이가 새 주인의 무릎을 독차지하니 기존의 강아지가 소외되는 현상이 일어났다고 한다. 버림받는 데 대한 공포가 깐돌이에게는 집착으로 나타났던 것 같다.

깐돌이는 중성화 수술과 스케일링, 그리고 무성음 수술까지 다 받고 나서야 드디어 우리 병원 식구가 되었다. 버려진 아픈 기억 때문인지 깐돌이는 이후 1년간 문이 열려 있더라도 병원 문밖을 한 발짝도 나가지 않았다. 1년쯤 지날 무렵 나는 매일같이 깐돌이에게 밖에 나가는 데 대한 트라우마를 극복하는 훈련을 시켰다. 하루에 5분씩 밖에 나가는 시간을 늘려 나갔다. 이 훈련은 석 달간 계속되었고 이후 깐돌이는 자유자재로 밖을 드나들었다.

기대도 안 했지만 깐돌이는 여간 재간둥이가 아니었다. 애교덩어리에다 소위 말하는 '개인기'까지 있었다. 처음에는 커피를 얻어먹으려고 옆으로 구르기를 2~3번씩 했고 간식을 얻어먹기 위해 "굴러!"라고 소리치면 몇 번씩 구르기를 했다. 병원에 온 손님들이 간식을 사갈 때마다 "굴러"라고 했고 깐돌이는 그때마다 간식을 얻어먹었다. 그 덕분에 깐돌이는 단숨에 봉남이의 인기를 누르고 귀여움을 독차지했다.

나중에 안 얘기지만 깐돌에게는 개인기가 하나 더 있었다. 바로 노래 부르기이다. 특히 '에델바이스'에만 반응을 해서 그 음악만 나오면 "우~♪우~우~♪"하고 노래를 불렀다. 나는 깐돌이에게 성대수술을 해준 것을 너무나도 후회했다. 그

아름다운 목소리로 부르는 깐돌이의 노래를 들을 수 없다는 것이 지금도 아쉬움으로 남아 있다.

듬직한 내 친구 복돌이라는 수놈 시추가 있다. 대소변을 가리지 못해 주인에게 발로 걷어차여서 뒷다리가 골절되자 우리 병원에 버려진 유기견이다. 수술을 하고 한 달 반 동안 재활치료를 해서 결국 내가 입양했다. 나와 오랜 시간 동거했던 유일한 가족이다. 복돌이는 든든한 내 인생의 동반자였다.

마지막 사연의 주인공은 '아롱이'라는 15살 난 암놈 푸들이다. 자궁에 농이 차는 '자궁축농증'에 걸려서 난소-자궁 제거 수술을 했다. 그러나 고령인 탓에 수술 후유증으로 등에 종창이 생겼다. 치료 기간이 2주가 넘어가자 아롱이 주인은 치료를 포기했고 안락사를 원했다. 언제까지 치료가 지속될지 예측할 수 없는 상황이었다. 그러나 내가 아롱이를 포기할 수가 없었다. 겨우 살려놓았는데 다시 안락사라니!

안락사 비용을 받고 치료를 이어나갔다. 마침내 아롱이는 두 달 만에 종창이 완치되었고 이후 1년을 더 살다 그리운 가족을 가슴에 품고 하늘나라로 갔다. 온종일 문만 쳐다보고 주인을 기다리던 아롱이의 모습이 지금도 애잔하다.

개들은 절대 주인을 배신하지 않는다. 오히려 인간이 배신을 밥 먹듯이 한다. 강아지가 나이를 먹고 병들게 되면 다들 귀찮아하고 돌볼 시간을 내지 않는다. 사는 것이 팍팍해서인 듯하다. 그래도 주인이 안락사라도 시켜주면 그나마 다행이다. 그렇지 않으면 산이나 고속도로에 데려가 버린다. 1~2주가 지나면 개도 주인이 자기를 버렸다는 사실을 알게 된다. 그러나 개들은 주인이 자기를 버렸더라도 포기하지 않고 기다린다. 그래서 다른 새로운 주인을 만나더라도 그 주인에게 바로 마음을 열지 못한다. 이 상처가 치유되려면 최소 6개월에서 1년이 걸린다. 유기견을 입양하는 사람들은 이 기간 동안 인내심을 갖고 기다려주어야 한다.

만일 개가 적응하지 못한다고 혼내고 야단을 치면 이때부터 이런 강아지들은 성격이 소심해지거나 사나워진다. 사람을 물고 파괴적인 행동을 하고 자기를 미워하는 사람의 물건이나 신발에 대 · 소변을 싸놓는다. 소위 문제견이 탄생하는 것이다. 그렇게 되면 그 강아지는 여러 집을 전전하게 되고 계속 주인이 바뀌고 그러다가 결국 적응을 못하면 또다시 버려지는 악순환이 되풀이된다.

강아지들은 지금도 우리에게 자신의 속마음을 전하고 있다. 몸짓과 눈짓, 그리고 표정으로 우리에게 신호를 보낸다. 단지 사람이 알아차리지 못할 뿐이다.

우울증을 이기게 해준 '봉구'

우리 동물병원이 자리를 잡는 데 기여한 미용사가 있었다. 1년 8개월을 일하다 허리 디스크로 현재는 애견 미용을 그만두고 다른 일을 한다. 옷 치수가 여자 사이즈 110정도이니 한 덩치 한다고 할 수 있다. 강아지를 예뻐해서 퇴근할 때는 병원에 있는 모든 강아지에게 "안녕"이라며 일일이 인사를 나누곤 했었다. 이러한 심성을 손님들도 알았는지 미용실 고객들이 꽤 많았다.

그런데 이 친구가 지난해 겨울 미니어처슈나우저 수놈 한 마리를 우리 병원에 데려왔다. 전철역 난간에 묶인 채 오가는 사람들의 발길질에 괴롭힘을 당하고 있는 녀석을 보다 못해 데려왔다는 것. 강아지는 온몸에 피부병이 심해서 맨손으로 만지기조차 두려울 정도였다. 슈나우저치고는 너무도 작은 3.5kg 정도에, 나이는 1~2년 정도로 추정되었고 피부는 온통 곰팡이균과 세균으로 중복 감염되어 있었다. 치료를 하려면 일단 엉켜 있는 털을 밀어야 했으므로 미용사는 장갑을 끼고 털을 밀고 약물 목욕까지 시켰다.

우리는 이 강아지에게 봉남이 동생 '봉구'라는 이름을 붙여주었다. 그런데 봉구의 피부병이 얼마나 심했던지 미용사는 봉구를 미용시키고 나서 곰팡이성 피부염에 감염되어 3~4주 동안 피부과 치료를 받아야 했다.

고생 끝에 약 한달 반 정도를 치료하고 나자 봉구의 피부병이 어느 정도 진정되었다. 탈모 부위에서는 조금씩 털도 나기 시작했다. 사료를 주면 마파람에 게눈 감추듯 먹어 치웠다. 봉구의 몸무게는 조금씩 늘었고 얼굴에는 편안함이 묻어나왔다. 실눈같이 가늘게 뜨던 눈도 이제는 제법 커졌다. 그래서인지 얼굴도 예뻐졌다. 강아지들이 사람을 경계하고 두려움을 느낄 때는 눈을 작게 뜬다. 사람과 눈도 마주치지 않고 시선을 피한다. 대부분의 유기견에게서 나타나는 특징이다. 그러다 마음이 편안해지면 눈도 커지고 사람과 눈도 잘 마주치는 사랑스런 개로 바뀐다.

그러던 어느 날 저녁, 강아지를 분양받기 위해 한 중년의 남자가 찾아왔다. 우리 동물병원은 강아지 분양은 하지 않으나 간혹 유기견이 들어오게 되면 조건이 맞는 손님들과 인연을 맺어주는 역할은 한다고 말씀드렸다. 그랬더니 혹시 유기견이 있는지를 묻고는 강아지를 분양받으려는 사정을 얘기해주었다.

그 손님의 말로는 부부 사이가 나빠져서 아내가 우울증 증세를 보였다고 한다. 우울증을 상담하러 병원에 갔더니 강아지를 키우라는 권유를 받았다는 것. 그래서 한달 전에 애견센터에서 슈나우저를 분양받았는데 1주일 만에 파보 바이러스 장염에 걸려 죽고 말았다. 부부관계의 회복을 위해 강아지를 입양했는데 죽어버리는 바람에 오히려 관계가 더 악화되었다고 안타까워했다. 그래서 새끼 강아지를 사는 것보다는 조금 성장한 강아지를 구하러 다닌다고 했다.

나는 마음속으로 인연이다! 싶었다. 마침 우리 병원에 있던 슈나우저 봉구를 그 손님에게 소개했다. 처음 만났는데도 봉구와 그 손님은 서로 좋아했다. 다음 날 그가 가족과 함께 와서 봉구를 만났고 봉구는 그날로 바로 그 집으로 입양되었다.

봉구가 입양된 지 한 달이 지났을 즈음, 봉구 아버지가 봉구를 데리고 심각한 얼굴로 병원 문을 열고 들어섰다. 봉구의 피부병이 재발했고 봉구네 가족 네 명 모두 곰팡이성 피부염에 감염되었다는 것이다. 곰팡이성 피부염은 사람과 동물 공통으로 나타나는 전염성 피부염으로 피부병에 걸린 강아지와 맨살로 20분 이상 접촉할 경우 같은 피부병에 감염된다. 봉구에게 전염된 피부병 때문에 미용사가 고생하는 것을 보았던 터라 봉구를 병원에 입원시켜서 치료하고 다른 강아지가 들어오면 그때 다시 강아지를 분양해주겠다고 제안했다. 그러는 동안 가족들도 피부과 치료를 받을 것을 권유했다. 그러나 봉구 아버지는 봉구를 포기할 수 없다며 내 제안을 강력하게 거절했다. 할 수 없이 봉구는 입원시키지 않고 집에서 통원 치료를 하기로 했다. 그 대신 피부병 치료 비용은 무료로 해주기로 했다.

어느 날 저녁 봉구 아버지가 술 한잔 하고 병원에 오셔서 그 한 달 동안 네 식구가 무척 행복했다는 얘기를 들려주었다. 스키장에도 봉구와 함께 갔고 그 덕택에 오랜만에 네 식구가 대화거리도 생기고 정말 화목했던 옛날로 돌아간 기분이었다고 했다. 특히 봉구 엄마가 봉구에게 모든 신경을 집중해서 집안 분위기가 호전되었을 뿐 아니라 건강 상태도 좋아졌다고 했다. 아들과 딸이 먼저 피부병에 걸렸는데 봉구를 돌려보낼 것을 우려한 나머지 그 사실을 부모에게 숨겼고 결국은 마지막에 봉구 아버지가 감염되고 나서야 온 식구가 감염되었다는 사실을 알게 되었다는 것.

그러나 봉구네 가족의 피부병 상태는 너무 심각했고 이들의 피부병 치료를 위해서는 봉구를 격리시키는 것이 급선무였다. 내가 계속 우리 병원에 봉구를 입원시킬 것을 권유하자 봉구네는 입원도 치료도 모두 거부한 채 연락을 끊었다. 나중에 알게 된 사실이지만 봉구네는 두 달이 넘게 다른 병원을 전전하며 피부병 치료를 했다. 이후 6개월이 지나서야 봉구네는 멀쩡해진 봉구를 데리고 우리 병원에 다시 나타났다. 물론 봉구네 가족의 피부병도 말끔히 치료되어 있었다. 그들은 행복해 보였고 봉구의 몸무게도 5.5kg으로 처음 우리 동물

병원에 왔을 때보다 2kg 정도가 늘어 있었다.

지금은 봉구 엄마가 봉구를 데리고 정기적으로 미용도 하러 오고 예방접종도 하러 온다. 전철역 난간에 묶여 발길질에 채이던 봉구가 이제는 사랑스런 슈나우저로 돌아왔다. 가족들 또한 모두 행복해 보였다.

동물병원을 하다보면 우울증이나 자폐증 때문에 의사의 권유로 강아지를 키우게 되는 경우를 종종 본다. 물론 예외도 있지만 70~80%가 효과를 본다. 그래서 의사들도 사람의 질병 치유를 위해 반려견 키우기를 많이 권하고 있다. 가족 간에 대화가 단절된 경우 반려견이 대화의 매개자 역할을 한다. 강아지로 인해 공동의 화제와 관심거리가 생긴다. 그리고 우울증을 앓는 사람의 경우에도 가정 내에서 자신의 역할을 새롭게 부여받으면서 다시 당당하게 자신의 삶의 주체로 서게 되고 자신감도 생기게 된다. 봉구네 같은 경우가 강아지를 입양함으로써 긍정적인 효과를 본 사례이다.

요즘에는 동물매개치료라고 해서 동물을 치료에 응용하는 분야가 생겨나고 있다. 개를 통해 치료 효과를 높이는 것인데 우리나라에서도 이 분야가 조금씩 발전하고 있고 몇몇 대학에는 동물매개치료학과를 개설해 전문가를 양성하고 있다. 그 결과로 최근 치매 노인과 자폐 아동 그리고 성인 조현병 치료에 치료 도우미견을 활용하는 사례가 소개되기도 한다. 이들 사례의 목표는 자기 자신 안에 갇힌 소외되고 외로운 사람들에게 동물이 등대 같은 역할을 해서 상처를 치유받고 다시 사람과 유대를 형성하도록 하는 것이다. 고령화 시대을 맞아 앞으로 이 분야가 더 발전할 것으로 생각된다.

똥·오줌 못 가려 버려진 '복돌이'

'복돌이'를 처음 만난 것은 어느 따뜻한 봄날 페이 닥터로 일하던 어떤 동물병원에서였다. 어느 날 덩치가 좀 있는 시추 한 마리가 왼쪽 뒷다리를 든 채 보호자를 따라 병원 문을 들어섰다. 사연을 들어보니 소파에서 뛰어내리다 넘어져서 다리가 부러졌는데 남편이 개를 싫어해서 개에게 돈을 들이기도 어렵고, 다리 부러진 개를 보고 있기도 힘들다는 것이다. 그런데 이 손님은 수술을 해달라는 말은 하지 않고 동물보호소로 보내달라는 부탁만 했다. 그래서 수술 비용 때문에 그러는 것이라면 골절 수술을 무료로 해줄 테니 6주간 치료를 하러 다니라고 제안했다. 하지만 주인은 그럴 수도 없다며 내 제안을 거절했다.

참으로 답답할 노릇이었다. 그래서 어떻게 할 거냐고 물으니 시추 주인은 동물보호소로 보내 달라는 말만 되풀이했다. 아픈 강아지, 그것도 다리가 골절되어 자력으로 생활이 어려운 개를 동물보호소로 보내면 거의 안락사 대상이 될 가능성이 높다. 그래서 나는 그 주인으로부터 '기증 서약서'를 받고 복돌이를 입원시켰다. 강아지를 불구로 만들어놓고 책임지기는커녕 아예 키울 생각이 없다고 하는 시추 주인의 무책임한 말에 생각할수록 화가 났다. 이렇게 해서 나와 복돌이의 동거가 시작되었다.

보호자의 말에 의하면 복돌이는 길에서 떠돌던 유기견이었고 자기네가 한 1년 정도 키웠다고 한다. 복돌이 엄마와 아이들이 개를 좋아해서 키우기는 했지만 똥 · 오줌을 잘 가리지 못해서 매번 복돌이 아빠에게 맞았다고 한다. 그도 그럴 것이 복돌이는 7살 정도로 추정되는데, 중성화 수술을 시키지 않아서 수시로 영역 표시를 해댔다. 아마도 이것 때문에 복돌이 아빠로부터 미움을 받았을 것으로 짐작이 간다. 다리가 부러진 것도 소파에서 뛰어내리다 부러졌다기보다는 추측건대 거실 어딘가에 똥이나 오줌을 싸놓아서 발로 걷어차였을 가능성이 커보였다. 부러진 부위가 무릎 바로 아래로,

주로 발로 걷어차였을 때 부러지기 쉬운 부위였기 때문이다. 그래서 내가 무료로 수술을 해준다고 해도 거절한 것이라 짐작된다.

이렇게 해서 복돌이는 병원에 입원해서 골절 복원 수술을 받았고 이후 6주 동안의 재활훈련을 거쳐 네 다리로 서게 되었다. 그런데 배변 훈련이 과제로 남았다. 우선 복돌이를 매일 산책시키며 밖에서 배변을 해결하는 훈련을 했다. 그렇게 여러 달이 지나자 막상 복돌이를 분양해야 할지가 고민이 되었다. 주인이 벌써 3번이나 바뀌는 것도 염려스러웠고 다른 집에 분양되어서 만약 똥과 오줌을 가리지 못하면 또다시 버려질 수 있기 때문이다. 여러 가지 생각 끝에 복돌이를 내가 입양하기로 하고 집으로 데려오게 되었다.

복돌이를 집에 데려와서도 한 식구로 적응하기까지는 한 8개월이 소요되었다. 내가 퇴근해서 집에 들어와도 복돌이는 소가 닭 쳐다보듯이 하며 아는 척도 없이 한구석에 웅크리고 앉아 있다. 중성화 수술이 되어 있지 않아서 기둥이란 기둥에는 모두 찔끔찔끔 오줌을 지려 영역 표시를 해놓았고 심지어는 로션 샘플 병이 방바닥에 서 있어도 그곳에 다리를

나를
버리지
마세요...

들고 오줌을 지렸다. 퇴근 후 집에 와서도 오줌과 똥을 치우는 데만 1시간이 소요되었다. 복돌이는 낮에는 똥과 오줌을 참고 있다가 저녁에 내가 퇴근해서 산책을 시켜주어야만 배변과 배뇨를 하기 때문에 병원 일이 끝나기가 무섭게 집으로 가야 했다. 내가 받는 스트레스도 여간 아니었다.

특히 비가 오는 날에는 비를 맞더라도 산책을 해야만 똥과 오줌을 해결했고 그런 날에는 목욕까지 시켜야 했다. 보통 수의사들의 모임은 직업 특성상 오후 9시 이후에 이루어진다. 그런데 복돌이의 배변과 배뇨를 해결해주어야 해서 나는 저녁 모임에도 갈 수가 없었다. 똥과 오줌을 참고 오로지 나만을 기다리고 있을 복돌이를 생각하면 모임에 가서도 집중을 할 수가 없었다. 그런데 이 문제는 몇 달 후 내가 눈 딱 감고 2박 3일간 MT를 가는 바람에 단박에 해결되었다. 밤 늦도록 내가 들어오지 않자 장시간 똥과 오줌을 참던 복돌이는 할 수 없이 베란다에 나가서 배뇨와 배변을 누었고 그 이후로는 나를 기다리지 않고 스스로 해결하였다.

중성화 수술이 안 된 수놈은 암놈들이 발정이 많이 나는 봄, 가을에 상사병 때문에 마음고생을 한다. 복돌이도 예외가 아니어서 어느 날 저녁 퇴근해서 집에 오면 혼자 씩씩거리고 흥분되어 있었다. 내가 온 것도 모르고 이불 한 자락을 입에 물고 방 끝에서 다른 방 끝으로 내달렸다. 소위 광란의 질주다. 밤에도 잠을 안 자고 이상한 신음소리를 내는가 하면 옆에 있으면 그 흥분으로 인해 열기가 느껴질 정도이다. 내가 도저히 견딜 수가 없었다.

드디어 다음 날 복돌이를 병원으로 데려와서 엄청 큰 고환을 제거하는 중성화 수술을 해버렸다. 이후 복돌이는 2주간의 수술 후 처치를 받고나서야 뜨거운(?) 불면의 밤을 끝냈다. 찔끔찔끔 오줌을 싸는 영역 표시도 없어졌다. 어릴 때 중성화 수술 시기를 놓쳐서 영역 표시 문제로 고생하는 강아지 주인들을 만나면 나이를 먹었더라도 과감히 "중성화 수술을 하시라"고 권한다. 중성화 수술로 인해 개도 주인도 스트레스를 날려버리고 건강하게 오래 살 수 있다.

복돌이는 만사가 편해져서 이제는 오줌도 잘 가리고 봄과 가을이 와도 이상한 돌출 행동도 하지 않는다. 퇴근해서 집에 들어가면 그 큰 덩치로 꼬리치며 자기 주인을 힘껏 반긴다. 그리고 냄새 나는 양말 한 짝을 벗어서 입에 물려줄 때까지 쫓아다닌다. 양말을 입에 물고 어떤 상상을 하며 행복해하는지 참으로 궁금하다. 복돌이가 처음 내게 올 때는 몸무게게 7kg이었는데, 8.7kg으로 늘어났다. 원래 중성화 수술을 하면 마음이 편해지고 온갖 성적 스트레스도 받지 않기 때문에 체중이 증가할 수밖에 없다. 체중 조절에 신경을 쓰지 않은 나의 잘못이 크다.

복돌이는 식성이 매우 왕성했다. 더운 여름에는 아이스크림 1개를 너끈히 해치웠다. 케이크를 너무 좋아해서 서너 조각을 후딱 먹고도 더 달라고 짖어댄다. 식성도 토종이라서 김치 한 줄기를 달라고 졸라서는 순식간에 아삭아삭 먹어 치운다. 그러고도 설사 한번을 하지 않는다. 아마도 이전 주인이 사람 음식을 먹였던 것 같다. 그렇지 않았다면 간이 밴 사람 음식을 먹고 탈이 나서 설사를 하거나 피똥을 싸는 경우가 대부분이다.

마트에 가면 손잡이가 피리로 되어 있는 아이스크림이 있다. 아이스크림을 다 먹고 나서 손잡이 피리를 불어주면 복돌이가 "우우우우 우~"하고 노래를 부른다. 표정도 순박하게 짓고 소리도 청명하다. 순간 다른 강아지 같다. 가끔 핸드폰

수신음인 에델바이스에 맞추어 깐돌이가 노래를 부르지만 복돌이는 그 음악에는 반응이 전혀 없고 오로지 이 피리소리에만 반응을 한다. 복돌이의 개인기를 뒤늦게 발견한 것이다. 복돌이는 몸무게가 많이 나가 특히 더위를 힘들어하지만 한 여름의 폭염 속에도 매일 함께 출퇴근하며 잘 이겨내고 있다. 이 녀석이 어떻게 내 인생 속으로 들어왔는지를 생각하면 꿈만 같다. 앞으로의 삶과 죽음을 함께할 녀석이라 더욱 소중한 내 가족이다.

자녀를 다 키워놓고 뭔가 새로운 경험을 하고 싶다면 반려견을 입양해보라고 권하고 싶다. 아마도 색다른 묘한 매력에 빠져들 것이다. 강아지의 눈을 쳐다보면 인간에게서 느끼지 못하는 신비하고 맑은 묘한 기운이 느껴지고, 사랑을 주면 주는 대로 전달되는 벅찬 느낌도 색다르다. 그 대신 하나를 얻으면 다른 하나를 포기해야 하듯 치러야 될 대가도 각오해야 한다. 조금 덜 깨끗하기, 자기만의 시간 조금 포기하기, 강아지와 함께하는 시간 할애하기, 같이 공원 산책 많이 하기, 그리고 강아지 냄새 익숙해지기 등등이다.

이후 복돌이는 내 곁을 떠나갔다. 그렇게 먹성이 좋던 복돌이는 수명이 다해감에 따라 서서히 식욕도 잃어갔다. 복돌이의 온몸과 발가락 사이에 사마귀처럼 많았던 양성 피부 종양도 계속 퍼져갔다. 죽기 1주일 전부터는 물도 입에 대지 않았다. 그래서인지 몸속을 모두 비웠던 복돌이는 죽기 전 소리 한번 지르고는 정말 깨끗하게 똥도 오줌도 배설하지 않은 채 하늘나라로 떠나갔다. 17년 8개월의 견생이었다.

반려동물의 중성화는 선택이 아닌 필수!

반려동물의 중성화 수술 시기는 수컷의 경우 개는 생후 4~5개월, 고양이는 5~6개월이고 암컷은 생후 8개월경이다. 그러나 반려동물 수명 주기 중 어느 때라도 중성화는 가능하다. 중성화 수술을 하면 고환암, 자궁암, 유방암, 상상임신을 막을 수 있다.

결혼과 이혼, 그리고 강아지들의 운명

중고등학생 때나 대학생 때 강아지를 입양한 경우 한 5~6년간은 정말 행복하게 함께 생활을 한다. 그런데 결혼을 하게 되면 사정이 달라진다. 앞에서 말한 유기견 깐돌이의 경우도 결혼으로 인해 주인과 헤어지게 된 사례이다. 그런데 친정집에 맡겨진 강아지를 다른 가족들이 잘 돌볼 때는 아무 문제가 없지만 그렇지 않을 때는 대부분 버려지게 된다.

대만에서 살다온 요크셔테리어 '샤오린'은 7년 동안 엄마의 사랑을 누리다가 그 집에 첫 아이가 태어나자 친정아버지에게 맡겨졌다. 친정집에는 '폴'이라는 요크셔테리어가 있어서 두 놈이 살벌하게 주도권 싸움을 해대는 통에 날마다 편할 날이 없었다. 친정아버지는 자기 딸을 이해할 수가 없었다. 강아지를 그렇게 끔찍이 아끼더니 자기 아이가 태어나자 아예 거들떠도 안 본다며 샤오린을 불쌍히 여겼다. 아무리 개라도 주인에게 버려진 기분은 평생 상처로 남을 것이라며.

'몽이'는 결혼 전 자매 셋이서 함께 키우던 시추 종이다. 그런데 세 자매가 결혼하면서 몽이는 첫째언니네로 가게 되었고 다른 두 자매는 몽이의 집과 가까운 같은 아파트 단지에 신혼집을 마련했다. 그러던 어느 날 큰 형부가 졸도한 몽이를 데리고 혼비백산하여 병원으로 뛰어왔다. 쓰레기를 버리려고 잠깐 집 바깥으로 나왔는데 뒤따라 나왔던 몽이가 때마침 막대기를 들고 장난을 하던 아이들 곁을 지나다가 그 막대기에 머리를 맞고 졸도를 했다는 것이다.

몽이 아빠는 "꼭 살려야 한다"고 애원하듯 말했다. 응급조치를 하고 수액을 맞고 해서 겨우 정신을 차리긴 했지만 몽이는 균형을 잃고 빙글빙글 돌거나 비틀거렸다. 아마도 뇌손상을 입은 듯했다. 1주일이 지날 즈음, 퇴근을 하고 병문안을 와 있던 세 자매는 병원 대기실에서 함께 기다리다가 몽이가 깨어나자 환호를 했다. 몽이는 세 자매의 노력으로 결혼 후에도 버려지지 않고 공동 돌봄으로 살아가고 있는 특이한 경우에 속한다. 그 후로 큰언니가 첫아이를 분만하자 몽이는 둘째언니네로 옮겨갔고 지금은 셋째언니네서 생활하고 있다고 한다. 그런데 최근 셋째언니도 임신을 했다고 한다. 그래서 고민이라고.

이처럼 우리나라에서는 강아지를 예뻐하지만 아이가 생겼을 때 어른들이 강아지를 못 키우게 하는 경우가 많다. '강아지가 아이에게 해코지를 한다'거나 '아이에게 병을 옮긴다'는 등 잘못된 속설 때문이다. 실제 반려동물을 아이와 함께 키우더라도 예방접종을 잘 시키고 심장사상충약과 구충제 복용 등을 철저히 하면 아무 문제가 발생하지 않을 뿐더러 오히려 아이에게 정서적으로 더 좋은 경우도 많다. 사람 의사들도 아이들의 정서를 고려해 강아지를 키울 것을 권장하기도 한다. 강아지 털에 대한 피부 트러블 문제만 없다면 입증되지 않은 잘못된 고정관념은 탈피해야 한다.

결혼보다 더 안타까운 경우가 이혼이다. 강아지 때부터 내원했던 아메리카 코커스패니얼 '로또'는 부부의 엄청난 사랑을 받으며 자랐다. 특히 로또 엄마의 로또 사랑은 매우 극진

뭉이야!

했다. 그런데 로또가 입양된 지 2년쯤 지난 어느 날 불행이 찾아왔다. 어떤 이유로 이혼을 했는지는 알 수가 없지만 로또 아빠가 로또를 1주일간 호텔에 맡기기 위해 찾아왔다. 그는 로또 엄마와 통화를 하는 내내 울면서 얘기를 했다. 로또 엄마의 지시에 따라 로또의 예방접종 상황을 확인하고 로또가 먹는 사료와 좋아하는 장난감 등을 하나하나 물어보면서 사기 시작했다. 그 동안 로또는 주로 엄마와 함께 내원했는데 아빠가 로또와 내원한 것은 처음이었다. 로또도 상황을 짐작했는지 자기가 자는 호텔방으로 알아서 들어갔다. 로또는 우리 병원이 익숙해서인지 호텔에 있는 동안에도 잘 지냈고 날마다 아빠를 기다리곤 했다. 트럭 한 대를 끌고 전국을 다니며 과일과 채소를 파는 로또 아빠를 볼 때마다 항상 조마조마했다.

그런데 로또네가 멀리 이사를 가게 되면서 한동안 우리 병원에 오지 않았다. 그래도 가끔 호텔에 맡길 때는 우리 병원에 오곤 했다. 로또 아빠에 의하면 이사를 간 로또네 집 근처 동물병원 호텔에 맡겼더니 로또가 난리를 치고 가만히 있지를 않아 할 수 없이 멀어도 우리 병원으로 온다고 했다. 이후 로또 아빠는 직업을 바꾸었는지 어느 여름날 말끔한 양복을 차려입고 우리 병원에 들러 내게 명함을 건네고 갔다. 로또의 근황을 묻자 친척집에서 잘 지내고 있다고 한다.

이처럼 이혼이 가져오는 불행은 강아지들에게도 그대로 이어져 간다. 결혼할 때 함께 입양을 했다가도 이혼할 때는 서로 강아지를 맡지 않으려고 다툰다. 영문도 모른 채 강아지는 결국 버려지게 된다.

지금도 생각나는 가슴 아픈 기억이 있다. 정말 예쁜 말티즈 '장미'를 키우던 남자 대학생이 있었다. 부모님이 이혼을 하면서 가족들도 뿔뿔이 흩어지게 되었고 아무도 강아지를 책임지지 않게 되었다. 할 수 없이 이 학생이 따로 방을 얻어서 장미와 둘이 생활하게 되었는데 마음과 다르게 강아지 관리가 되지 않았다. 어느 날 미용을 맡겼다 찾아가면서 집안 사정을 얘기하더니 나에게 장미를 맡아달라고 통사정을 했다. "원장님께 맡기면 마음이 놓이겠다"고 하면서. 그러나 우리 병원은 이미 포화 상태였다. 내가 키우는 복돌이 외에도 3마리의 유기견이 더 있기 때문이다. 공간도 좁을 뿐더러 관리 능력에도 한계에 도달해 있었다. 나는 더 이상 강아지를 입양할 수 없는 병원 사정을 얘기하고 잘 키울 사람을 알아봐주겠다고 약속을 했다. 나중에 들은 얘기로는 결국 장미는 친척 집으로 보내졌다고 한다. 장미는 정말 예쁜 눈을 가진 말티즈였다. 지금도 장미의 그 맑은 눈을 잊을 수가 없다. 너무나도 예쁜 강아지였는데.

'아롱이'라는 푸들도 이혼 후 우리 병원 호텔에 맡겨진 뒤 한 달이 넘도록 찾아가지 않아서 버려진 유기견이다. 아롱이 엄마는 빚 때문에 이혼을 하고 여관방을 전전한다며 아롱이를 데려갈 수 없다고 전화로 나에게 최후통첩을 보냈다. 내가 '다롱이' 엄마에게 아롱이의 입양을 적극 권했고 다롱이 엄마는 흔쾌히 아롱이를 입양했다. 다롱이 엄마는 12년 된 다롱이가 1년 전에 심근경색으로 세상을 떠난 후 눈물로 시간을 보내고 있었다. 지나가는 강아지만 봐도, 강아지 얘기만 해도 눈물을 흘리는 바람에 동네 아줌마들도 다롱이 엄마를 피해 다닌다고 할 정도였다.

아롱이를 입양할 때도 우여곡절이 많았다. 다롱이 엄마는 아롱이를 입양해 간 날 저녁에 다시 병원으로 아롱이를 데려왔다. 죽은 다롱이에게 미안해서 도저히 아롱이를 들일 수가 없다는 것. 그러나 다음 날 아롱이의 처지를 알게 되었고 "내가 거두지 않으면 어찌 할까"하더니 다시 데려갔다. 이름도 아롱이에서 영원하라고 '영영이'로 바꾸어주었다.

그런데 이 영영이가 여우 중의 여우였다. 영영이가 엄마, 아빠, 그리고 오빠에게 얼마나 애교를 부렸던지 오랜만에 집안에 웃음꽃이 끊이지 않았다. 다롱이가 있을 때와는 다르게 집안에 생기가 돌았다. 영영이는 엄마, 아빠에게 달려들어 연신 뽀뽀를 하다가도 뒤로 발랑 드러누워 몸을 흔들어댔고 이런 모습을 보는 영영이네 가족들은 예뻐하지 않을 수가 없다고 한다.

영영이를 입양한 뒤로 영영이 엄마에게도 변화가 일어났다. 엄마는 새로 입양한 영영이를 데리고 다시 공원에 나가게 되었고 강아지 엄마 모임에도 합류했다. 우리 동물병원 건너편에는 '구지공원'이라는 아담한 공원이 있는데 오후 4시에서 6시 사이에 우리 동네 강아지를 키우는 어머니들이 모두 함께 산책을 나온다. 더운 여름철에는 밤 7시 이후에도 나온다고 한다.

이 모임에서는 활발한 정보가 교환된다. 근처 동물병원들에 대한 평가는 물론 어느 동물병원은 어떤 질병을 잘 고치고, 미용은 어느 동물병원 미용사가 잘하는지를 나름대로의 기준을 가지고 카운셀링도 해준다고 한다. 그래서 나는 새로 이사 온 강아지 주인들에게 그 시간대에 개를 데리고 공원에 나가기를 권장하기도 했다. 그 모임에 참석했던 강아지 주인들은 광견병 접종에 관한 정보도 얻는 등 상당한 도움을 받기 때문이다. 어떤 강아지 주인은 우리 동물병원이 피부병을 잘 고친다고 호평이 났다고 내게 살짝 귀띔해 주기도 했다.

세태가 변해가는 만큼 강아지들의 운명도 주인의 운명과 함께 변해간다. 지금도 어디에선가 많은 강아지들이 입양되고 또 한편에서는 버려지고 있다. 오늘도 어느 낯선 고속도로 변이나 산 속에는 버려진 유기견들이 오지 않을 주인을 하염없이 기다리고 있을 것이다.

새끼 고양이와 할머니 개 '쥬디'의 이상한 동거

언제부터인가 우리가 살고 있는 아파트 주변의 구석지고 후미진 곳은 길고양이들의 안식처가 되어갔다. 이곳에서 새끼를 낳은 어미 고양이는 자기 가족을 이루며 살고 있다. 그러기에 어미 고양이에게는 먹을 것을 구하는 일이 매일매일의 과제이다. 요즘 아파트에는 음식물 쓰레기 분리 수거가 너무 잘되어 있어서 길고양이들이 먹을 것을 구할 수가 없다. 쓰레기통이나 쓰레기 봉지를 뒤져봐도 먹을 것이라고는 하나도 없다. 사람의 손길이 필요할 수밖에 없는 현실이다.

'두리' 엄마는 아파트 1층에 산다. 1층 베란다와 인접한 아파트 화단은 나무도 있고 잔디도 있는 어느 단독주택의 정원

너희들 또 왔구나!

과도 같다. 날씨가 덥거나 음식을 할 때 두리 엄마는 베란다 문을 열어놓는데 그 문턱에 열댓 마리의 고양이들이 일렬로 매달려 두리네 집 안을 지켜보고 있다고 한다. 예전에는 두리 때문에 고양이에게는 별로 관심을 두지 않았던 두리 엄마는 두리가 떠나자 허전한 마음에 이들 길고양이에게 관심을 쏟기 시작했다. 평소에 동물을 측은하게 여기던 마음이 길고양이에게로 옮겨간 것이다.

두리 엄마는 생선 요리를 할 때에는 조금 넉넉히 해서 이들 길고양이들을 거두어 먹이곤 했는데 식단도 육류보다는 생선류로 주로 요리를 했다. 하루는 두리 아빠가 문득 "아마도 이 생선 요리는 나를 위한 것이 아니라 고양이들을 위한 것 같다"고 푸념 아닌 푸념을 했다고 한다.

그러던 어느 날 아파트 단지에 길고양이들이 점점 많아지자 아파트 부녀회는 대책회의를 하고 공고문을 붙였다. 내용은 "아파트 내에 길고양이가 많이 득실거리니 만일 아파트 내 길고양이에게 먹이를 주다 발각되면 벌금 100만원을 물리겠다"는 것이다. 이와 동시에 아파트 구석구석에 나무나 판지로 가려졌던 길고양이의 임시 거처가 모두 폐쇄되었다.

그러자 아파트 내의 길냥이들을 불쌍히 여겨 가끔씩 먹이를 주던 사람들의 손길도 뜸해졌고 고양이들은 먹을 것을 찾아 점점 더 많이 두리네 집 주위로 몰려들었다.

어느 날 두리네가 외출을 했다가 돌아와 베란다 문을 열고는 깜짝 놀랐다. 수십 마리의 길고양이들이 일제히 베란다 창틀에 매달려 있었던 것. 그동안 커튼으로 가려 놓아서 대여섯 마리밖에 보지 못했던 두리네는 많은 고양이들의 수에 놀란 입을 다물지 못했다. 두리 아빠는 "한 밭떼기로군. 한 밭떼기"라며 어이없는 웃음을 지었다. 이들 길고양이 중 두 마리가 임신을 해서 새끼를 대여섯 마리씩 늘려 놓았으니 많을 수밖에.

장마가 시작되어 비가 주룩주룩 내리던 날 두리 엄마가 하얀 타월에 무언가를 싸가지고 다급하게 병원으로 들어섰다. 이제 막 젖을 뗀 것 같은 새끼 고양이였다. 잇몸은 창백하고 기진맥진해서 거의 움직임은 없고 숨만 간신히 붙어 있었다. 아마도 새끼를 낳은 어미 고양이가 내친 듯했다. 원래 동물들은 약한 놈은 어릴 때 엎어서 죽인다는 말이 있듯이 강자만 살아남게 한다. 그래서 아프고 약한 새끼들은 어미로부터 버려진다. 그렇게 버려진 새끼 고양이가 다행히 두리 엄마에게 발견되어 병원으로 오게 된 것이다.

간신히 링거를 혈관에 꽂을 수 있어서 입원 치료가 시작되었다. 반나절 링거를 맞은 새끼 고양이는 기운이 조금 돌아왔는지 어미를 찾아 울기 시작했다. 어찌나 서럽게 울던지 시끄러워서 다른 진료를 하기 어려울 정도였다. 나는 임시방편으로 그 새끼 고양이를 '쥬디' 할머니 개의 품 안에 안겨주었다. 그러자 신기한 일이 일어났다. 새끼 고양이가 쥬디의 빈 젖을 빨기 시작한 것이다.

병원 안은 다시 조용해졌고 이를 지켜본 병원 내 손님들은 너무 신기해하며 숨을 죽이고 새끼 고양이와 쥬디를 지켜봤다. 더 놀라운 것은 쥬디가 모성애를 발휘해서 새끼 고양이의 생식기와 몸을 핥아주는 것이 아닌가! 동물들은 어릴 때 자연배뇨와 배변이 잘되지 않아 어미가 생식기와 항문을 핥아서 자극을 주어야 오줌과 똥을 배설한다. 그런데 이 새끼 고양이는 쥬디가 엄마인 양 핥아주니 그때서야 오줌과 똥을 싸기 시작했다. 이렇게 해서 새끼 고양이와 쥬디의 이상한 동거가 시작되었다.

쥬디는 16살 된 요크셔테리어로 사람 나이로 치면 80세가 된 노령견이다. 한 번도 출산의 경험이 없는 쥬디는 느즈막에 새끼 고양이를 품에 안고서 잠재되어 있던 모성애를 맘껏 발휘했고 스스로도 매우 만족해하는 것 같았다. 쥬디의 표정이 그렇게 편안할 수가 없었다. 새끼 고양이가 계속 설사를 하는데도 쥬디는 그 배설물을 모두 핥아먹었다. 그렇게 그 둘은 1주일을 함께 살았다. 새끼 고양이는 어미로부터 면역력을 물려받지 못한 데다 잘 먹지도 못하고 비도 맞아서 고양이에게는 치명적인 바이러스성 전염병인 범백혈구 감소증에 걸려 있었다. 링거를 맞고 미음을 쑤어 먹이고 했지만 1주일을 버티다 결국 죽고 말았다.

이 둘이 같이 지내는 모습은 우리 병원을 찾는 손님들에게는 큰 관심거리였고 그중 초등학생이나 중학생들이 이 모습을 사진에 담아갔다. '세상에 이런 일이'에 나올 만한 사건이라면서. 간혹 TV에서 자기 새끼가 아닌 다른 품종의 새끼를 젖을 먹여 키우는 모습을 종종 본다. 그런 것을 보면 종에 관계없이 모성애라는 본능은 동물도 예외가 아닌 것 같다.

그 이후, 어미에게 버림받은 또 다른 새끼 고양이가 입원하게 되었고 쥬디의 품에 안겨주었더니 쥬디는 강하게 반발하며 거부했다. 모든 상황이 다 같지는 않은 것 같다. 쥬디는 죽은 새끼 고양이에게만 유독 모성애가 발휘되었던 것 같다. 그 둘 사이에는 전생에 어떤 인연이 있었을까?

유산을 상속받게 된 유기견 '왕눈이'

좀처럼 경기가 나아질 기미가 보이지 않는다. 불황의 여파가 애완견에게는 직격탄이 되고 있다. 지난해 11월 어느 손님을 따라 우리 병원에 오게 된 떠돌이 시추 한 마리가 있었다. 나이는 2~3년 정도이고 암놈이었다. 암놈은 수놈보다는 입양 가능성이 높다. 몸무게도 4.5kg 정도니까 시추치고는 작은 편에 속한다.

2주일 정도 우리 병원에서 함께 생활을 해보니 성격도 온순하고 밥도 잘 먹고 쾌활하고 낯선 환경에 적응도 잘하는 것 같았다. 이 시추를 입양시키기 위해 우리 병원 손님들에게 좋은 집을 알아봐줄 것을 부탁해놓았다. 푸들을 키우는 '미남이' 엄마의 도움으로 여기저기 수소문 끝에 미남이 엄마 친구네 집으로 보내게 되었다. 미남이 엄마는 지난번에도 다른 집에서 못 키우겠다고 포기했던 강아지를 자기네 친척집에 입양시켰던 적이 있었다. 그때는 준비가 안 된 상태에서 강아지를 입양하게 되어 다시 파양되는 아픔을 겪었던 터라 이번에는 매우 조심스럽게 소개를 해주었다.

미남이 엄마가 입양 소개를 꺼리는 데에는 이유가 있었다. 6개월 전, 어느 학생이 인터넷사이트에서 경품으로 받은 말티즈를 키우게 되었는데, 그 학생의 엄마가 강아지 키우는 것을 반대하여 결국 그 말티즈는 미남이 엄마를 거쳐 다른 집으로 입양되었다. 새로 입양해 간 집에서는 아버지는 너무나 강아지를 좋아했지만 그 집 엄마는 강아지 뒤치다꺼리가 너무 힘이 들어 미남이네로 며칠간 계속 전화를 해서 하소연을 한 모양이었다. 결국 그 강아지는 다시 다른 집으로 가게 되었다.

미남이 엄마는 다시는 강아지 소개를 하지 않겠다고 다짐을 했었다. 그러나 딸의 간곡한 부탁으로 자신의 친구네에 소개해주었다. 그 집에서는 이 시추의 이름을 '왕눈이'라고 불렀다. 일주일이 지나 미남이 엄마에게서 전화가 왔다. 이번에는 너무나 잘되었다고 하면서 왕눈이를 그 집 식구 모두가 너무나 좋아한다고 했다. 특히 왕눈이가 아버지를 너무나 잘 따라서 그 집 아버지가 완전히 혼이 나갔다는 것이다. 퇴근해서 집에 오면 왕눈이가 아버지에게 애교를 부리고 재롱을 떨어서 그 집 식구들 대화 주제가 온통 왕눈이 얘기뿐이라는 것이다.

왕눈이는 성격이 좋아서 적응이 매우 빨랐다. 하루는 왕눈이 엄마가 왕눈이 귀에서 냄새가 난다고 치료를 받으러 내원했다. 그렇지 않아도 왕눈이네 식구들이 궁금했었는데, 드디어 왕눈이네 엄마와 딸을 만나게 되었다. 치료하기 전에 차트를 쓰면서도 왕눈이 엄마는 쉴 새 없이 왕눈이 자랑을 했다. "왕눈이가 오면서 집안 분위기가 확 바뀌었어요. 자식들이 나갔다 들어오면 모두 각자의 방으로 들어가기 바빠서 대화라는 것이 없었는데 왕눈이가 오고 나서 아빠나, 애들이 모두 일찍 들어오고, 거실에 둘러앉아서 왕눈이 재롱에 흠뻑 빠지고 가족 간에 대화거리가 생겨서 집안 분위기가 화기애애해졌어요. 얼마나 행복한지 모르겠어요. 왕눈이가 너무나 소중하고 애한테 쓰는 돈은 아깝지 않으니 잘 치료해주세요."

내가
상속자
왕눈이에요

왕눈이 엄마는 치료할 때도 왕눈이가 아프다고 하면 마치 자기 자식이 아픈 양 안쓰럽다는 표정을 짓고 어쩔 줄을 몰랐다. 며칠 후 다시 치료를 받으러 내원한 왕눈이 엄마는 진료대에 앉자마자 "선생님, 우리 왕눈이가 재산을 상속받게 되었어요" 하며 깔깔깔 웃었다. 내가 "외국에서나 있을 법한 일이 일어났네요?" 하자 그 내용을 들려주었다. 어느 날 남편이 자식들을 모두 앉혀놓고서 "내가 지금까지 살면서 이렇게 흡족하게 서로 애정을 주고받은 적이 없다. 왕눈이에게 내 유산을 상속할 테니 왕눈이에게 잘해라. 왕눈이에게 잘하는 정도를 봐서 너희들에게도 재산을 상속해주겠다"고 선언했다는 것이다.

충분히 이해가 갈 수도 있는 대목이다. 왕눈이를 소개해주었던 미남이 엄마도 이 얘기를 듣고는 너무나 잘되었다고 좋아했다. 유기견을 분양해서 잘 지내면 기분 좋은데 상속까지 해준다니! 이런 얘기를 들을 때면 나도 행복하고 보람을 느낀다. 반려견의 입장에서도 좋은 주인과의 만남만큼 소중한 인연은 없다. 다음 세상에 인간으로 태어나는 것보다 더 좋지 않을까?

우리 병원에 오는 '짜리'라는 닥스훈트는 원래 주인이 시골에서 암 투병을 하다 세상을 떠났다. 친구의 유언에 따라 짜리를 키우게 된 지금의 아빠는 친구가 짜리를 자기에게 맡기면서 통장에 1천만 원을 남겼다고 한다. 살아 생전 친구가 "암 진단을 받고 정말 웃을 일이 없었는데 짜리 때문에 웃고 살았다"면서 "인생의 마지막 길에 많은 웃음을 가져다준 짜리를 위해 써달라"는 말을 남겼다고 한다.

강아지에게 재산을 상속하는 일은 이제 남의 나라 얘기가 아니다. 우리에게도 강아지는 애완동물이 아닌 반려동물로서 하나의 가족인 셈이다. 전 재산을 주어도 아깝지 않을 정도로.

유기견 보호했는데 절도죄라뇨?

유기견을 발견해도 함부로 데려다 돌보면 안 된다는 인식을 환기시켜준 사건이 발생했다. 전자산업의 발전으로 아파트 곳곳에는 CCTV가 진을 치고 있고 경찰이 작정만 하면 무엇이든 다 들여다볼 수 있다.

어느 날 젊은 아기 엄마가 유모차를 밀고 치와와 한 마리를 데리고 병원을 찾아왔다. 한 블럭 떨어진 아파트 뒤쪽 화단에서 주인 없이 혼자 떠돌아다니던 치와와 한 마리를 발견해서 데려온 것이다. 아기 엄마는 치와와 주인을 찾아줄 수 있는지를 문의했다. 나는 일단 동물 등록 내장 칩이 있는지를 확인하기 위해 왼쪽 견갑골 주위를 무선칩 인식기로 탐색해 보았다. 그러나 동물 등록을 안 했는지 내장 칩은 인식되지 않고 외장 칩 목걸이도 없었다. 동물보호관리시스템에 올라 있는 분실신고 난도 확인해 보았으나 등록되어 있지 않았다. 가슴줄을 착용한 것과 외관이 깨끗한 것으로 보아 집에서 나온 지 오래되지 않았으므로 주인이 찾으러 올 가능성이 크다고 판단되었다.

그래서 이 치와와를 동물보호소로 보내는 것은 일단 보류하고 주인이 나타나거나 동물 분실신고가 접수될 때까지 며칠 동안만 아기 엄마가 집으로 데려가서 돌보기로 했다. 아기 엄마에게는 갓난아이가 있는 상황이므로 나는 치와와의 건강검진을 했고 피부에 생긴 세균성 피부염에 대해 먹는 약을 처방해주었다.

보름쯤 지났을 때 치와와(그 사이 '앵두'라는 이름을 얻었다)를 데리고 간 아기 엄마가 다급하고 황당한 표정을 지으며 울면서 내원했다. 며칠 전 ○○경찰서에서 조사를 나왔다고 한다. 경찰관은 강아지가 있는지를 확인하더니 강아지 주인이 나타났으니 강아지를 데리고 경찰서로 출석하라는 요구서를 주고 갔다고 한다. 그래서 앵두 엄마는 경찰서로 앵두를 데리고 출석했고 앵두는 원래 주인에게로 돌아갔다고 한다. 그리고 치와와 원래 주인은 앵두 엄마에 대한 처벌을 원하지 않았다고 한다. 그러나 앵두 엄마는 '절도죄'로 검찰로 넘어갔다. 절도죄는 형사사건이기 때문에 피해자가 처벌을 원치 않아도 반드시 조사를 하고 증거가 확보되면 검찰로 넘어가게 되어 있다는 것이 담당 수사관의 말이었다.

이 말을 듣고 정말 황당했다. 불쌍한 강아지를 돌본 죄밖에 없는데 절도죄라니! 우리나라 법 적용이 잘 이해가 되지 않았다. 나는 앵두 엄마와 함께 ○○경찰서 담당 수사관을 찾아가서 물었다. 한발을 양보해서 돌아다니는 남의 강아지를 가져갔다고 해도 '점유이탈물횡령죄'가 적용되어야 하는데 왜 '절도죄'인지를 따져 물었으나 그들은 아무런 대답도 해주지 않았다.

대부분의 강아지 주인들은 강아지를 잃어버리게 되면 강아지 사진을 담은 전단지를 작성하여 집 근처 아파트 게시판이나 가로등에 붙이고 강아지를 찾아다니거나 가까운 동물병원을 방문하여 혹시라도 자기 강아지를 누군가가 데리고 오지 않았는지를 알아보는 게 일반적인 행동 패턴이다. 그런데 치와와의 원래 주인은 그런 행동을 하지 않고 바로 경찰서에 도난 신고를 한 모양이었다.

며칠 전 신문에서 읽었던 기사가 생각났다. 집을 나온 25kg 정도의 대형견을 동네 주민 세 명이 잡아먹은 사건이었다. 자신의 개를 찾아 헤매던 주인은 경찰에 실종신고를 했고, 동네 주민들이 개를 끌고가는 장면을 CCTV로 확인한 검찰이 '점유이탈물횡령죄'로 그들을 기소했다는 기사였다. 누군가의 가족 같은 소중한 개를 잡아먹기까지 했는데도 점유이탈물횡령죄밖에 안된다고 하니 형이 너무 가볍다는 생각에 나는 분노했고 주인의 입장에서는 너무 억울하겠다는 생각을 했었다. 그런데 앵두 엄마의 경우는 집을 나와서 떠돌던 강아지를 데려다 먹이고 씻기고 치료까지 해주었는데 점유이탈물횡령죄보다도 더 무거운 절도죄에 해당된다고 하니 도저히 이해가 되지 않았다. 과연 우리나라의 법 적용이 공정한 것인지 혼란스러웠다.

나는 앵두 엄마 사건을 담당하는 검사에게 탄원서를 보냈다. 탄원서에서 앵두가 동물 등록이 되어 있지 않아서 주인을 찾아줄 수 없는 상황이었고, 집 잃은 강아지를 선의의 마음으로 돌본 것을 절도죄로 처벌한다면 앞으로 아무도 불쌍한 유기견을 돌보지 않을 것이라고 호소했다. 또한 앵두 엄마가 앵두를 유기동물 보호소로 바로 보낼 경우 주인이 10일 이내에 나타나지 않으면 안락사를 당할지도 모른다는 불안감에 신고도 하지 않고 돌보았던 사실을 정상참작 해줄 것을 간절히 호소했다. 남편과 두 아이를 가진 앵두 엄마의 단란한 가정이 이번 일로 인해 상처받지 않도록 선처해줄 것을 간곡히 부탁했다. 그러나 나의 간절한 호소에도 불구하고 앵두 엄마는 아쉽지만 기소유예 처분을 받았다. 기소유예는 7년이 지나야 기록이 삭제된다고 한다.

검찰 조사를 받기 위해 검찰청으로 왕래하던 앵두 엄마는 혼이 빠진 상태였다. 앵두 엄마는 기소유예가 내려지고 나서야 겨우 안정을 되찾았고 그동안 강아지와 정이 든 아이들의 성화에 못 이겨 지금은 다른 강아지를 분양받아서 잘 키우고 있다.

이 일을 계기로 우리 병원 손님이든 아니면 누구라도 길에서 유기견을 데리고 오면 반드시 유기동물보호센터에 신고부터 하도록 하고 있다. 제2의 앵두 엄마 사태가 재발되지 않도록. 유기동물보호센터에 유기견을 신고해서 10일이 지나도록 주인이 나타나지 않으면 처음 신고했던 사람이 그 유기견의 소유권을 넘겨받을 수 있다. 그러면 그때는 정정당당하게 그 강아지를 집에 데려올 수 있다.

유기동물, 함부로 돌보다가는 절도죄!

현행법상 동물은 금전, 부속물과 같은 '물건'으로 취급되기에 유기 동물이라고 함부로 돌보다가는 '점유물이탈횡령죄' 또는 '절도죄'가 적용될 수 있다. 왜냐하면 그 동물 주인이 도난 신고를 해놓았기 때문이라고 한다. 현행법상 일정 장소에서 유기 동물을 발견하게 되면 담당 자치단체에 신고부터 해야 한다.

반려동물 축복식을 아시나요?

반려동물 축복식이 있다는 사실을 얼마 전에 알게 되었다. 우리나라에도 이런 행사가 있다니 놀랍고 한편으로는 반가웠다. 주로 천주교와 성공회 성당에서 열리는데 올해로 7년째라고 한다. 천주교 성당에서는 주로 10월 첫째 주나 그 달에 열리고 유기동물보호단체에서도 1년에 한 번씩 열린다. 10월에 많이 열리는 이유는 10월 4일이 자연과 동물생태계 수호 성인인 프란치스코 기념일이기 때문이다.

반려동물 축복식은 동물에게 축복을 내리는 예식으로, 천주교에서는 사제가 성수를 뿌리기도 하고 축복 기도를 해주기도 한다. 성공회에서는 반려동물의 건강과 평온한 삶을 위한 기도와 성찬식을 해준다. 성찬식 때는 면봉, 포도주, 동물 간식을 놓고 사람과 함께 축복하고 같이 성찬을 한다.

축복식에 참여하려면 참가 신청서를 내면 되지만 성당에 따라 사연 모집을 통해 노령 동물이거나 죽음을 앞둔 동물을 우선적으로 초대하는 곳도 있다. 개와 고양이뿐 아니라 토끼, 햄스터, 기니피그, 새 등 반려동물이면 어떤 종류라도 주인과 함께 참여하면 되는 곳이 많다. 동물을 키우지 않아도 참여할 수 있고 어떤 경우는 이미 죽은 동물의 사진이나 유골함을 가지고도 참여할 수 있다.

우리나라에서는 7년 전 처음으로 성당 두 곳에서 반려동물 축복식을 했고 최근에는 서울 등 전국 각지의 성당으로 확산되고 있다. 주로 생명을 존중하고 생명을 가진 동물과 인간의 공존을 생각하는 작은 모임이라고 할 수 있다.

특히 성공회에서는 처음 구제역 파동이 나서 엄청난 돼지와 소가 살처분되었을 때 동물을 사랑하는 사람들이 모여 상처받은 동물의 영혼을 달래는 추모식을 했다. 그러다가 사람 때문에 동물이 죽게 된 것에 대해 사죄를 하고 서로를 위로

하는 기도회를 열었다고 한다. 이를 계기로 점차 동물을 키우는 사람과 동물은 키우지 않으나 이에 관심 있는 사람들이 참여하면서 축복식이 열리게 되었다고 전한다. 동물을 키우지 않는 사람들도 축복식에 참여하면서 유기견과 유기묘를 입양해 키우는 계기가 된다고 한다.

어느 사제에 의하면 축복식을 하는 목적은 하느님의 또 다른 피조물이자 인간에게 기쁨과 위로가 되어주는 동물을 축복하고 생명 존중의 정신을 잊지 말자는 데 있다고 한다. 최근 이 행사가 점차 확산되는 것은 이런 정신을 공유하려는 사회적 분위기가 형성되고 있음을 보여준다.

반려동물 가족 천만 명 시대에 접어드는 우리나라에서도 '반려동물 축복식'이 열린다는 것은 인간은 혼자 살 수 없고 동물과 함께 공존해야 한다는 인식이 공감을 얻기 때문이다. 그러나 그 이면에는 동물 학대와 생명 경시 풍조가 증가하고 있는 현실을 반영하고 있어서 한편으로는 마음이 무겁다.